U0359665

高职高专精细化工专业规划教材
编审委员会

教育部高职高专规划教材

精细化学品分析

刘 春 主编
穆华荣 主审

化学工业出版社
·北京·

本书侧重介绍了紫外可见分光光度法、红外光谱、色谱法在精细化学品分析中的应用，同时也兼顾了化学分析法。该书体现了职业教育的特点，注重理论与实践的结合，突出学生实际应用能力的培养，在内容的选择上突出实用性，将具有代表性的表面活性剂、医药、农药、胶黏剂、颜料、染料、涂料及添加剂进行了归类。

本书为高职高专精细化工专业的教材，也可供相关职业培训使用。

图书在版编目（CIP）数据

精细化学品分析/刘春主编．—北京：化学工业出版社，2006.5（2019.5重印）

教育部高职高专规划教材

ISBN 978-7-5025-8637-9

Ⅰ.精… Ⅱ.刘… Ⅲ.精细化工-化工产品-化学分析-高等学校：技术学院-教材 Ⅳ.TQ072

中国版本图书馆CIP数据核字（2006）第043065号

责任编辑：陈有华　　文字编辑：孙凤英
责任校对：宋　玮　　装帧设计：于　兵

出版发行：化学工业出版社（北京市东城区青年湖南街13号　邮政编码100011）
印　　刷：北京京华铭诚工贸有限公司
装　　订：三河市振勇印装有限公司
787mm×1092mm　1/16　印张10½　字数246千字　2019年5月北京第1版第7次印刷

购书咨询：010-64518888　　售后服务：010-64518899
网　　址：http://www.cip.com.cn
凡购买本书，如有缺损质量问题，本社销售中心负责调换。

定　　价：28.00元

出版说明

高职高专教材建设工作是整个高职高专教学工作中的重要组成部分，改革开放以来，在各级教育行政部门、有关学校和出版社的共同努力下，各地先后出版了一些高职高专教育教材。但从整体上看，具有高职高专教育特色的教材极其匮乏，不少院校尚在借用本科或中专教材，教材建设落后于高职高专教育的发展需要。为此，1999 年教育部组织制定了《高职高专教育专门课课程基本要求》（以下简称《基本要求》）和《高职高专教育专业人才培养目标及规格》（以下简称《培养规格》），通过推荐、招标及遴选，组织了一批学术水平高、教学经验丰富、实践能力强的教师，成立了“教育部高职高专规划教材”编写队伍，并在有关出版社的积极配合下，推出一批“教育部高职高专规划教材”。

“教育部高职高专规划教材”计划出版500种，用5年左右时间完成。这500种教材中，专门课（专业基础课、专业理论与专业能力课）教材将占很高的比例。专门课教材建设在很大程度上影响着高职高专教学质量。专门课教材是按照《培养规格》的要求，在对有关专业的人才培养模式和教学内容体系改革进行充分调查研究和论证的基础上，充分吸取高职、高专和成人高等学校在探索培养技术应用性专门人才方面取得的成功经验和教学成果编写而成的。这套教材充分体现了高等职业教育的应用特色和能力本位，调整了新世纪人才必须具备的文化基础和技术基础，突出了人才的创新素质和创新能力的培养。在有关课程开发委员会组织下，专门课教材建设得到了举办高职高专教育的广大院校的积极支持。我们计划先用2～3年的时间，在继承原有高职高专和成人高等学校教材建设成果的基础上，充分汲取近几年来各类学校在探索培养技术应用性专门人才方面取得的成功经验，解决新形势下高职高专教育教材的有无问题；然后再用2～3年的时间，在《新世纪高职高专教育人才培养模式和教学内容体系改革与建设项目计划》立项研究的基础上，通过研究、改革和建设，推出一大批教育部高职高专规划教材，从而形成优化配套的高职高专教育教材体系。

本套教材适用于各级各类举办高职高专教育的院校使用。希望各用书学校积极选用这批经过系统论证、严格审查、正式出版的规划教材，并组织本校教师以对事业的责任感对教材教学开展研究工作，不断推动规划教材建设工作的发展与提高。

教育部高等教育司

前　言

精细化学工业是我国化学工业的重要组成部分，培养精细化工专业技术人才是行业发展的需要和高职高专院校的任务。精细化学品分析在精细化工生产中占有非常重要的地位。

高等职业教育面向生产和服务第一线，培养技术应用型的专门人才。因此，本书编写的指导思想是突出高等职业教育特色，着力体现实用性和实践性，使理论与实践相结合，着重培养学生的应用能力。

本书共分7章，主要介绍了精细化学品分析的基本方法，表面活性剂分析，医药、农药分析，食品添加剂分析，涂料分析，颜料、染料分析，胶黏剂分析等内容。就常见的精细化学品的结构和分析方法特点进行了总结，选用了一些常用的分析测试方法作为学生实训内容，以求起到以点带面的作用。

本书第一、第二、第四、第五章由刘春编写，第三章由刘新奇编写，第六章由程忠玲编写，第七章由于晓萍编写。全书由刘春统稿。

本书由穆华荣主审，并提出了宝贵的意见和建议，在编写过程中得到了各有关单位领导及老师们的大力支持，在此致以衷心的感谢。

编者谨向本书的参考文献的作者表示衷心感谢。

鉴于编者水平有限，时间仓促，疏漏和不足之处在所难免，真诚希望专家及读者批评指正。

编者

2006年3月

目　录

第一章　绪　　论

学习目标

1. 掌握精细化学品分析的定义。
2. 掌握精细化学品分析的分类。
3. 认识精细化学品分析在精细化学品工业中的作用。
4. 了解精细化学品分析的发展趋势。
5. 掌握精细化学品分析的一般程序，初步了解精细化学品分析的基本方法原理。

第一节　精细化学品分析及其分类

一、精细化学品和精细化学品分析

精细化学品是指精细化工产品，也称为专用化学品，区分于通用化学品，是指全面要求产品功能和性能的一类化学品，可按其商品使用性质分为中间体、多用途功能化合物和最终用途化学品。精细化学品是以通用化学品为原料，合成工艺中步骤较多，反应复杂，产量小而产值高，并具有特定应用性能的产品。所以通常将产量较少的或用途专一的化工产品划分为精细化学品。

精细化学品分析是分析化学在精细化学品工业上的应用，是指导精细化学品生产、科研的重要工具。原料的选择、流程控制、新产品试制、成品检验、三废处理及利用等都必须依赖分析结果作依据。精细化学品分析是研究精细化学品及其生产过程中中间体成分分析的理论及分析方法。

分析化学不仅应用广泛，它所采用的方法也多种多样。多年来，人们从不同的角度，如根据分析工作的目的、任务、对象方法和原理的不同对分析方法进行了分类。

二、精细化学品分析的分类

(1) 根据分析对象的种类分类　可以分为：①表面活性剂分析；②医药、农药分析；③胶黏剂分析；④涂料分析；⑤颜料、染料分析；⑥食品添加剂分析等。

(2) 根据分析的目的和任务分类

① 定性分析　鉴定物质是由哪些元素、原子团、官能团或化合物所组成的。

② 定量分析　测定物质中有关组分的含量。

③ 结构分析　了解化合物的分子结构和晶体结构。

(3) 根据分析的对象（分析对象的化学属性）分类

① 无机分析　分析的对象是无机物。

② 有机分析　分析的对象是有机物。

(4) 根据分析时所依据的物质性质（或测定原理）分类

① 化学分析法　以物质所发生的化学反应为基础。

a. 重量分析　通过化学反应及一系列操作，使试样中的待测组分转化为另一种纯粹的、固定化学组成的化合物，再称量该化合物的质量，从而计算出待测组分的含量。

b. 滴定分析　将已知浓度的试剂溶液滴加到待测物质溶液中，使其与待测组分恰好完全反应，根据加入试剂的量（浓度与体积），计算出待测组分含量。根据滴定反应的类型不同分为：酸碱滴定法、配位滴定法、氧化还原滴定法、沉淀滴定法。

化学分析法通常用于高含量或中含量组分的测定。即待测组分在1%以上的。

② 仪器分析法　借助仪器，以物质的物理或物理化学性质为依据的分析方法。由于这类方法通常需要使用较特殊的仪器，故得名“仪器分析”。

其具体分类如表1-1所示。

表1-1　仪器分析法分类

分　类	被测物理性质	相应分析方法
光学分析法	光辐射的发射	发射光谱法(X射线、紫外、可见光等)、火焰光度法、荧光光谱法(X射线、紫外、可见光)、磷光分析法、放射化学法
	光辐射的吸收	分光光度法(X射线、紫外、可见光、红外)、原子吸收法、核磁共振波谱法、电子自旋共振波谱法、浊度法
	光辐射的散射	拉曼光谱法、折射法
	光辐射的衍射	干涉法、X射线衍射法、电子衍射法
	光辐射的旋转	偏振法、旋光色散法、圆二色法
电化学分析法	半电池电位	直接电位法、电位滴定法
	电导	电导法
	电流-电压特性	极谱分析法
	电量	库仑法(恒电位、恒电流)
色谱分析法	两相间的分配	气相色谱法、液相色谱法
热分析法	热性质	热导法、热焓法
其他	质荷比	质谱法
	核性质	中子活化分析

仪器分析法的特点如下。

a. 优点　用于分析试样组分（成分分析），操作规程简便而快速，对于含量很低（如质量分数为10^{-8}或10^{-10}数量级）的组分，则更有其独特之处。另一方面，绝大多数仪器是将被测组分的浓度变化或物理性质变化转变成某种电性能（如：电阻、电导、电位、电容、电流等），这样就易于实现自动化和连接电子计算机。因此仪器分析具有简便、快速、灵敏、易于实现自动化等特点。对于结构分析（研究物质的分子结构或晶体结构），仪器分析法（如红外吸收光谱法、核磁共振波谱法、质谱法、X射线衍射法、电子能谱法等）也是极为重要和必不可少的工具。

b. 局限性　准确度不够高，相对误差通常在百分之几左右，有的甚至更差。同时仪器分析一般都需要以标准物进行校准，而很多标准物需要用化学分析方法来标定。而且在进行复杂物质的分析时，往往不是用一种而是综合应用几种方法。

总之，仪器分析的特点：操作简便、快捷，检出限低，仪器价格较高。

本书将讨论的仪器分析法主要有以下几种。

a. 光学分析法　紫外-可见吸收光谱法、红外光谱法。

b. 色谱分析法　气相色谱法、高效液相色谱法、薄层色谱。

c. 其他分析法　质谱分析法、核磁共振波谱法、X射线粉末衍射分析法、热分析法等。

(5) 根据分析时所需的试样量分类　见表1-2。

表1-2　根据分析时所需的试样量分类

方　法	试　样　质　量	试　液　体　积
常量分析	>0.1g	>10mL
半微量分析	0.01～0.1g (10～100mg)	1～10mL
微量分析	0.1～10mg	0.01～1mL
超微量分析	<0.1mg	<0.01mL

(6) 根据分析组分在试样中的相对含量（含量高低）分类　见表1-3。

表1-3　根据分析组分在试样中的相对含量分类

方　法	分析组分在试样中的相对含量
常量组分分析(主量分析)	>1%
微量组分分析(次主量分析)	0.01%～1%
痕量组分分析(痕量分析)	<0.01%

(7) 根据分析的要求分类

① 例行分析　是指根据企业生产的需要而日常进行的常规分析，包括在线控制分析和标准分析。

② 仲裁分析　是指当几方对分析结果产生异义时，由权威分析机构进行的用于判断、作用标准结论的分析。

三、分析化学的历史及精细化学品分析的发展

分析化学的起源可以追溯到古代的炼金术。当时的分析手段主要依靠感官和双手。16世纪出现了第一个使用天平的试金实验室，到19世纪末，分析化学基本上由定性手段和定量技术组成，进入20世纪，由于现代科学的发展、相邻学科间的渗透，分析化学经历了三次巨大的变革。

20世纪30年代，物理化学溶液理论的发展为分析化学提供了理论基础，建立了溶液中的“四大平衡”理论，使分析化学从一门技术成为一门科学。

20世纪40～60年代，物理学与电子学的发展促进了分析化学中物理方法的发展，使分析化学从以经典分析为主发展成为以仪器分析为主的现代分析化学。

20世纪70年代末到现在，以计算机应用为主要标志的信息时代的来临给科学的发展带来巨大冲击，提出了许多要求，分析化学目前正处在第三次大变革时期。

目前，分析化学的使命已由单纯提供分析数据上升到从原始分析数据中最大限度地获得有用的信息和知识，也就是说：不是局限于“是什么”、“有多少”，而是要求提供物质更多的、更全面的信息，以解决生产与科研中的实际课题。

从常量、微量分析到微粒分析。如：对高纯稀土及半导体材料的分析，要求能检测每立方厘米中痕量杂质的原子数。

从组成分析到形态分析（即从元素分析到价态、形态、能态分析）。如：六价铬对人体

是剧毒的，甲基汞的毒性比金属汞和无机盐中的汞大得多，所以对天然水中的铬和汞的测定只了解总含量是不够的，还要了解各种价态和化学形态的含量。

从总体到微区、从表面分布到逐层分析。如：材料科学中，不仅要了解材料的化学组成，而且要求了解材料的结构状态，特别是微区结构状态和表面状态；有些生物组织，不仅要了解某些组分元素的含量，而且要了解它们在该组织中不同层次的分布。

从宏观组成分析到微观结构分析。如：在环境科学的研究中，人们不仅要了解其化学成分、各组分的含量，而且要了解各组分的价态及存在形式——即进行化学状态分析。

从静态分析到快速反应追踪分析。如：现代化学动力学的研究，往往要求测定活性很高、存在时间极短、浓度极低的中间产物，甚至对寿命短至微秒的组分进行测定，以便更深入地了解反应本质。

从破坏试样分析到无损分析，甚至需要做活体分析。如：对稀少和珍贵样品、文物、案件证物的分析，要求既能达到分析鉴定的目的，又要保全原物不受任何损坏。为得知生命活动的机理，要求在生物保持正常生命活动状态下，测量某些物质的量的变化。

总之，随着科技进步和检测手段的不断提高，新技术、新方法在分析检验中的应用愈来愈广泛。现代分析方法和技术的发展趋势有以下特点。

（1）分析方法趋向微量、灵敏、专属、简易、快速和自动化　由于分析化学、电磁学、色谱学、光学、光谱学等技术的发展，商品化仪器的问世，质量标准要求的提高，分析方法不断向微量、灵敏、专属、简易、快速和自动化方向发展，这已成为总的趋向。

（2）检测技术趋向定量化　光谱法中的红外、核磁共振、质谱法等测试方法具有高分辨力，其特征的图谱具有专属性。过去因所需样品较多及定量方法尚未成熟等多种原因，主要用于定性分析。近年来，红外、核磁共振、质谱法等已可进行定量测定。

（3）色谱分析、光谱分析及两谱联用技术的发展　色谱分析、光谱分析及两谱联用技术是分析学领域中最主要和最基本的研究手段和方法，新的方法发展迅速，层出不穷。如高分辨气相色谱分析法、高效毛细管电泳技术分析法、离子色谱分析技术、手性色谱法、胶束色谱分析法等。两谱联用技术使各种分离手段与灵敏检测技术相结合，更加提高了方法的效能，如气相色谱-质谱联用、液相色谱-质谱联用、薄层色谱-紫外光谱鉴定、薄层色谱-荧光光谱鉴定、薄层色谱-红外光谱鉴定及薄层色谱-质谱鉴定等。

（4）分析技术、数学方法与计算机技术相结合　数学方法引入检测技术后，使分析检测工作发生了不可估量的变化。如："傅里叶变换"是19世纪由傅里叶提出、通过数学关系进行各种函数的相互变换的数学方法。20世纪70年代以来，傅里叶变换-红外、傅里叶变换-核磁共振、傅里叶变换-质谱等先进技术已用于精细化学品分析中。计算分析是将电子计算机科学技术、应用数学和经典分析在新的层次上的一个"综合"，是分析学科的一个新分支，计算分析为分析学领域开辟、创造了新天地，并向着有关数据库的建立、智能模拟和专家系统方向发展。

第二节　精细化学品分析基本方法

一、分析检验工作的基本程序

精细化学品分析检验工作是其质量控制的重要组成部分，其目的是保证产品质量和降低生产成本。因此，分析工作者必须树立质量第一的观念，具备高度的责任感，养成严谨求实的科学态度和工作作风，具有熟练、正确的操作技能，从而保证检验工作的公正性和客观性。

分析检验工作的基本程序如下：样品审查→取样→分析检验→记录→检验报告。

1. 样品审查

在收到送检样品后，应对样品进行全面审查，如样品数量、包装情况、外观性状、检验目的等，确定检验的依据即质量标准，正确理解质量标准规定的检验项目和方法，然后进行分析。

2. 取样

要进行分析检验首先需要取样。要从大量的样品中取出能代表试样整体质量的少量样品进行分析，因此，应特别注意样品的代表性与真实性，否则就失去了检验的意义。

取样的基本原则是科学、均匀、合理。所以应按规定的方法取样，而不能随意取样。

3. 分析检验

分析检验时必须按照标准中规定的项目严格执行，准确地操作，并做出正确的判断。分析检验的内容主要包括鉴别、检查、含量测定三个方面。

鉴别是根据其组成、化学结构与理化性质进行试验，从而得出“是”与“否”的结论。

检查是按照标准规定的检查项目逐一进行试验。

含量测定常用化学分析法或物理化学分析法，通过测定主要成分的含量，以确定含量是否符合标准规定的要求。

4. 记录

分析检验记录是分析检验结果的原始资料，也是判断质量优劣的原始依据。分析检验记录宜用钢笔书写，内容必须真实可靠、完整周到、简明具体。原始记录不得涂改（若需纠正，则注明并签名或盖章）。记录本要妥善保存以备查阅。

5. 检验报告

根据分析检验的结果，写出检验报告书。检验报告书的主要内容有：检品名称、数量、外观性状、检验目的、检验依据、检验结果、结论、检验日期、检验人员和复核人员签章等。检验报告必须明确、肯定、有据。

二、精细化学品分析方法

1. 分析样品来源

分析工作的对象和目标大致来源于三个方面：国内外的新产品；天然产物；产品生产过程中的分析工作。

一般来说，民用或销售量较大的材料和制品都是一些价廉的化工原料；特殊用途的新产品或新材料，则可能会使用一些比较特殊的或先进的高分子材料或其他有机或无机材料。

不同用途的产品，要求不同的原料。如要求低摩擦的材料可能是尼龙、聚甲醛、聚乙烯等高分子材料；要承受重力与压力、加热不变形的材料，大多都是交联结构的树脂。

如果样品是一种比较特殊的产品，最好能查阅有关资料，了解该产品的使用特性、用途以及可能的结构组分等，尽可能地取得更多的知识。

如果是产品生产过程的中间分析，要了解该产品的生产流程、反应方程式、样品的来源和可能的组分。

2. 初步检验

(1) 物理状态的观察　样品是液体时，注意观察其中是否有固体悬浮或有互相不溶的其他液体相的存在。

如果是固体状态，应从外观判断是高分子制品还是一般固体样品。

一般的固体又分为粉末状、结晶状、块状等，在显微镜下观察固体形状，看样品是否有两种不同的晶体存在，这样可以初步判断样品的纯度。

(2) 样品的颜色　大多数精细化学品本身是无色的，但有些化合物放置中见光或与空气发生氧化产生少量的杂质，如芳香胺和酚由于氧化都有颜色。

如果纯化合物具有颜色，该化合物必然有生色基因，如硝基、亚硝基或是偶氮化合物、醌类化合物或具有四个以上双键的共轭体系。

如果化合物对光观察时会发出荧光，则有荧光物质存在。

(3) 气味的辨别　有些精细化学品具有特征性气味，如果能熟悉这些特征性气味，就能帮助识别产品的类型和某些组分。

但样品即便有特殊的气味，并不一定说明样品的主要组分有气味，尤其是日用化妆品，常掺有微量的香精，成分复杂，含量少，不能仅凭气味一项来得出结论。

(4) 物理常数测定　所测定的物理常数包括熔点、沸点、相对密度、折射率、比旋光度等。

测定试样的各种物理常数最好在确定试样化合物纯度较高时，再进行测试。如果试样是混合物，则需要将试样分离，再把分离出的各组分分别进行纯化，然后再测试各组分化合物的熔点、沸点、折射率、相对密度等物理常数。

通过精细化学品在水、乙醚、5%盐酸、5%氢氧化钠溶液、5%碳酸氢钠溶液及浓硫酸溶液中的溶解性能试验，可以推测该化合物属于哪种类型。

含有极性官能团的精细化学品能溶于水，但随着分子中烃基部分的增大，它的极性相应地减小，在水中的溶解度也减小，所以同系列的极性化合物中，往往碳原子数少的化合物在水中有较大的溶解度，而碳原子数越高，在水中的溶解度越小。

大多数精细化学品溶解于乙醚，而极性强的化合物如磺酸类不能溶于乙醚中。易溶于乙醚的化合物通常是非极性的或中等极性化合物。

酸性化合物都能溶于5%氢氧化钠溶液和5%碳酸氢钠溶液中，而且这两种碱性强弱不同的溶液还能区分酸性强弱不同的精细化学品。酸性较强的化合物如有机磺酸类在这两种溶液中都能溶解，酸性较弱的化合物如酚类、烯醇、肟、羟肟酸只能溶在5%的氢氧比钠溶液中。

胺类、肼类和胍类等含氮的精细化学品属于碱性化合物，能溶解在稀盐酸溶液中。

能溶于浓硫酸的化合物有不饱和烃、易磺化的芳烃、能在浓硫酸中形成锌盐的含氧化合物。

(5) 燃烧试验　燃烧试验简单，取少量样品（约0.5g）放在一把不锈钢刮刀上，隔火逐渐加热。样品着火时，从火焰中拉出刮刀，观察样品燃烧的特性。由燃烧试验可以初步识别未知物的类型。

样品继续点火燃烧，精细化学品都能烧净；若有燃烧残渣存在，说明有金属离子的无机盐或金属精细化学品；再结合放出气体的气味辨别（表1-4）。

燃烧试验还可检验卤素的存在，将样品放在一根铜丝或刀片上，置于火焰的无焰边沿，含卤素的样品燃烧时会生成挥发性的卤化铜，使火焰的颜色呈绿色或绿蓝色。

表 1-4 燃烧试验

聚合物	火焰特征	燃烧特征	气味
聚乙烯	底部蓝，上部黄	熔融落下	石蜡燃烧味
聚苯乙烯	橘黄，带浓黑烟	软化	单体味
聚乙酸乙烯	暗黄，黑烟较少	软化	醋酸味
环氧树脂	黄色，带黑烟	离火自燃	苯酚味
聚氯乙烯	淡黄，下部绿，白烟	软化	HCl味
聚氨酯	黄底蓝边	软化	异氰酸酯味
聚酯	黄色，发黑烟	龟裂	芳香味
MF树脂	淡黄火焰	龟裂发白	氨、甲醛味
酚醛树脂	黄色火焰	膨胀龟裂	苯酚、甲醛味
脲醛树脂	顶部蓝绿色，黄焰	龟裂发白	甲醛味
聚酰胺	蓝色火焰	熔融下落发泡	蛋白燃烧味
丙烯酸酯	黄色端，发蓝黑烟	龟裂发黄	花果腐烂味
不饱和聚酯	暗黄，有烟	膨胀龟裂	苯乙烯味
硝化纤维素	高温黄焰	迅速燃烧	氧化氮味
天然橡胶	暗黄黑烟	软化	烧橡皮臭味
氯丁橡胶	橘黄，下部略绿黑烟	软化	烧橡皮、HCl味
丁腈橡胶	暗黄，多烟	软化	烧毛发味
硅橡胶	白烟	残留白灰	

三、元素定性分析

鉴定精细化学品中的元素组成是精细化学品分析中的一种重要的测试方法。精细化学品经过初步燃烧试验后，不需要检验碳和氢的存在，氧元素目前还没有很好的检验方法。

除以上两元素外的其他元素都属杂元素，杂元素试验最好在纯度较高时进行，杂元素的试验方法一般采用 Lassaigne 试验法，在 Lassaigne 试验中，精细化学品与金属钠共熔、分解，使精细化学品中的元素转化成无机化合物，再进行各种元素的检验。

$$C, H, O, S, N, X 等 + Na \longrightarrow NaCN, Na_2S, NaSCN, NaCl 等 \quad (1\text{-}1)$$

固体样品时，取一块金属钠（$2mm^3$）放入一燃烧管中，缓慢加热，直至熔化，再加入待分析的样品（200g）继续慢慢加热，直至管中物质固化。然后剧烈地加热燃烧管，并保持炽热状态 2min。当管中仍处于烧红状态下，将其浸入一只装有 15mL 蒸馏水的烧杯（50mL）中，煮沸 3～4min 并过滤溶液，滤液作分析用。

液体样品时，先加热燃烧管中一块金属钠（$2mm^3$），待管内装有 1/3 的钠蒸气时，再用滴管点滴地加入液态样品（0.2mL）。待所有的样品加毕后，再大火加热 2min，把烧红状态的燃烧管浸入一只盛有 15mL 蒸馏水的烧杯（50mL）中，煮沸 3～4min 并过滤溶液，滤液作分析用。

1. 氮元素的检测

取一份上述滤液（1mL），将硫酸亚铁溶液（10%，1mL）和一些（2mol）氢氧化钠溶液加至该滤液中，直至产生大量 $Fe(OH)_2$ 沉淀为止。煮沸溶液 2min，冷却后用 2mol 的硫酸酸化，并用石蕊试纸试验其酸性，该溶液若仍有沉淀，或呈现深蓝至绿色，表明样品中有氮元素存在。

2. 硫元素的检测

取一份上述滤液（1mL），滴加新配制的亚硝基铁氰化钠溶液 $Na_2[Fe(CN)_5NO]$，如果测试的溶液显品红至紫红色，表明样品中有硫元素存在。

3. 卤素的检测

取一份上述滤液（1mL），加入过量的硝酸溶液，并用石蕊试纸试验其酸性。如果上述试验中经分析含有 N 和 S，则必须在通风橱里煮沸该溶液，以除去酸化生成的 HCN 和 H_2S。如果样品中不含 N 和 S，就没有必要煮沸。在冷却溶液中加入硝酸银溶液检验卤素的存在。

4. 磷元素的检测

用浓硝酸（0.5mL）处理另一份滤液（2mL），然后加入 5%钼酸铵溶液，沸水浴上加热 2min，如有黄色沉淀出现，表明有磷元素的存在。

5. 红外光谱的初步检验

红外光谱是精细化学品剖析技术中最重要的分析手段，分析样品在分离之前，进行原样品的红外光谱初步检验，从中大致推测样品的主要组分类别，这对进一步的分析工作是很有帮助的。

四、配方中各组分的分离和纯化

大多数精细化学品是经过复配的混合物，所以，配方中各组分的结构鉴定必须首先将各组分逐一分离开，然后再用各种分析方法进行分析鉴定。

一般来说，精细化学品配方分离和纯化的好坏是决定分析鉴定成败的关键。分离纯化试验往往需要反复试验多次，其工作量占整个分析工作的一大半。

五、各组分的分析与鉴定

从样品混合物中分离提纯的各组分，根据不同情况，选用不同的分析手段进行测试、推测和鉴定。

鉴定的结果是否可靠，最好还要进行验证工作。寻找符合鉴定结果的已知化合物，把已知化合物和欲分析的未知化合物在相同试验条件下，用一两种分析测试方法进行测试，验证鉴定结果的可靠性。

常用的分析方法有化学分析、色谱分析、红外光谱、紫外光谱、核磁共振、质谱和物理常数测试方法等。

六、各组分的定量分析

对样品的各个组分进行定性鉴定以后，下一步就是进行定量测定。

定量分析的方法有很多，如化学分析方法、各种仪器分析方法等。其中色谱法有气相色谱、液相色谱、薄层色谱等，光谱法有红外光谱、紫外光谱等都是常用的定量分析测定方法。

七、配方组分的分离原理

配方分析中，各组分的分离有时是错综复杂的，需要根据配方中各种组分的不同理化性质，选择适当的方法进行分离。

1. 化合物的分离原理

（1）根据各物质的不同化学性质进行分离　甲苯和苯胺的混合物可用稀盐酸萃取分离，苯胺形成盐酸盐，溶解于水层，而甲苯不溶解于水，从而得到分离，水层再加碱中和后，即得到苯胺。

酚类化合物和甲苯的混合物可用稀的氢氧化钠溶液处理，酚类物质生成酚钠，溶于水层，而与甲苯分离开。

二丁醚和氯苯混合物的分离则是利用两组分中只有二丁醚能溶解于浓硫酸中的特点，混合物加浓硫酸分离出不溶于浓硫酸的氯苯后，再加水稀释，就可以得到另一组分二丁醚。

用碳酸氢钠的稀溶液可把酚和有机酸的混合物中各组分分离开。稀碳酸氢钠溶液能把弱酸性的酚（或烯醇）转变成盐类，因此可用乙醚抽提或其他方法先将酚除去。有机酸成为钠盐，留在溶液里，不被乙醚抽提出来，从而达到分离目的。该溶液再加酸，酸化后有机酸盐变回到有机酸。

醛类如苯甲醛同液体烃或其他不溶于水的中性液体化合物的分离可以用亚硫酸钠溶液。醛形成亚硫酸氢盐的加成化合物（一种固体），可以通过过滤与其他组分分离。加成物再和稀酸或碳酸钠溶液共热时，会重新分解成原来的醛。

（2）根据各物质在水溶液里挥发性的差异进行分离　带有一个水溶性官能团的化合物，通常能随水蒸气蒸发。带有两个或两个以上水溶性官能团的化合物，一般不能随水蒸气蒸发。

能随水蒸气蒸发的有机酸、碱、盐类，可以用硫酸或氢氧化钠分解，再通过水蒸气蒸馏，把有机碱或酸从水溶液或悬浮液中蒸馏出来。

如二乙胺和正丁醇混合物的分离，先加入足够的稀硫酸把胺的碱性中和，再用水蒸气蒸馏除去醇，残余物中加入氢氧化钠，并反复进行蒸馏以回收胺。

如丁酮和乙酸混合物的分离，可以用足够的稀氢氧化钠溶液处理，使乙酸变为乙酸钠，然后进行水蒸气蒸馏，丁酮即随水蒸气而蒸出，乙酸钠则留在烧瓶内，残余物用稀硫酸酸化，释放出乙酸，再用水蒸气蒸馏或萃取法予以分离。

（3）根据物理性质进行分离　当以上两种方法不能得到满意的分离效果时，可以采用物理方法分离，如挥发性液体混合物可根据沸点高低进行分离，非挥发性的固体混合物常常利用在惰性溶剂中溶解度的差异进行萃取分离，某些具有升华性的物质可以进行升华法分离和提纯。

正在广泛应用并成为专门分离技术的色谱分离法诸如柱色谱、薄层色谱、气相色谱和液相色谱也属于此类物理方法。

色谱分离法是根据各组分的吸附分配等物理性质进行分离的。对于成分复杂、含量极微的天然产品，高效液相色谱的应用极大地提高了分离效率。

2. 理化分离方法

（1）溶剂萃取法　溶剂萃取法是一种行之有效、简便常用的分离方法，主要根据未知样品中各组分在溶剂中溶解度不同的原理，选择一种合适的溶剂连续萃取，达到各组分分离的目的。

对于一个未知的化学品试样，可以依次用石油醚（苯）、乙醚、氯仿、乙酸乙酯、丙酮、乙醇和水等一系列极性不同、溶解性质各异的溶剂进行萃取。

溶剂萃取可以在室温下进行，也可以在索氏提取器中进行热萃取，但要注意所使用的萃取溶剂必须是试剂级的，以保证溶剂挥发后没有残留物，否则就需要预先蒸馏处理。

溶剂萃取应注意以下事项：

① 固体试样尽量粉碎，因为颗粒大小与萃取效果有直接关系；

② 萃取温度应比所用溶剂沸点低；

③ 萃取液通常用红外灯加热，除去萃取液中的溶剂，由于大多数有机溶剂都有一定毒性，浓缩和蒸干过程必须在通风橱中进行；

④ 萃取液蒸干后的残留，可用红外光谱做初步检查，判断其主要成分以后，再做进一步的分离试验。

(2) 溶解沉淀法　溶解沉淀法通常用于分离高分子材料。将高分子材料溶解于溶剂中，配成较浓的溶液，在不断搅拌下，将高分子溶液以点滴方式慢慢滴入沉淀剂中。常用的沉淀剂是被分析的高分子材料中高聚物不溶解的溶剂，如甲醇、乙醇等，其用量约为高分子溶液量的10倍以上。

高分子溶液滴入沉淀剂中立即产生棉花团似的絮状物或细颗状沉淀，然后反复用沉淀剂洗涤沉淀或重复沉淀，就可得到较纯的高聚物。而添加剂留在滤液中。

(3) 蒸馏法　蒸馏法是分离和精制液态样品的有效方法，最简单的蒸馏是通过加热，使液体产生的蒸气在冷凝器中冷凝下来，作为馏出物收集。

对挥发性液体混合物可以利用各个组分的沸点差异进行分馏来分离。

蒸馏法有常压蒸馏、减压蒸馏。

有些液体加热时会被氧化，可以在蒸馏时充灌惰性气体，在保护下蒸馏。

蒸馏法仅适用于对热足够稳定的组分分离。

(4) 制备衍生物法　羰基化合物可与2,4-二硝基苯肼反应生成2,4-二硝基苯腙的衍生物，生成黄色或红色沉淀析出，使其与其他组分分离。再测出该衍生物的熔点值，即可鉴定出原来化合物的结构。

如难挥发的脂肪酸转化成易挥发的甲酯化合物，可以采用气相色谱进行分离测试。

含有氨基、羟基或羧基难挥发的化合物，可采用硅烷化衍生物进行气相色谱分离测试。

(5) 其他方法　分离纯化的方法还有很多，如重结晶法、盐析法、升华法、酸碱处理法等。

重结晶法一般用于固体试样化合物纯化处理上。操作方法是先将化合物粗品与适当的溶剂配制成热的饱和溶液，趁热过滤，以除去不溶的组分，然后，使其冷却，此时物质以纯净的状态重新结晶析出。

重结晶法所选择的溶剂应该具备以下条件：

① 在较高温度时（溶剂沸点附近），试样在其中的溶解度比在室温或较低温度下的溶解度至少大3倍；

② 杂质与试样化合物在这个溶剂中的溶解度相差很大，在较高温度时，杂质的溶解度很小，可以趁热过滤除去，或者在较低温度时，杂质在该溶剂中的溶解度很大，不会随试样化合物一同结晶析出；

③ 溶剂沸点在30～150℃之间，沸点过低，易挥发逸失，沸点过高，则不易将结晶表面附着的溶剂除去；

④ 溶剂与试样化合物不发生化学反应；

⑤ 试样在其中能形成良好的结晶；

⑥ 价廉无毒。

八、色谱技术在配方分析中的应用

色谱法不仅可以提供精细化学品复杂组分的分离、检测和含量的测定，还可以用于少量组分的提取和精制，甚至推测未知物的结构。

1. 纸色谱分离法在配方分析中的应用

纸色谱法采用色谱法，一般滤纸作支持体。

构成滤纸的纤维素分子中有许多羟基，亲水性很强，能够吸收22%左右的水分。其中约6%的水分与纤维素结合成复合物，降低了在纸上扩散的速率，形成了固定液相。而移动液相（即展开剂）因毛细管现象在纸上展开移动，与固定在纸纤维上的水形成两相。

样品中各组分在这两相间具有不同的分配系数，因此，各组分有不同的移动速率。经过一段时间展开后，得到了分离。

对难溶于水而易溶于有机溶剂的物质，用一般纸色谱法难以分离，而采用反相纸色谱法可得到较好的分离效果。

反相纸色谱法是将溶剂体系中的亲油性液相固定在滤纸上，作为固定相，而水或亲水性液层作为移动相。按一般纸色谱法进行分离。

反相纸色谱的操作方法如下。

① 样品制备　取少量的乙醚提取液于试管中，加乙醚稀释之，逐渐滴加 CH_2N_2 的乙醚液，使溶液呈黄色并不褪色为止，将试样溶液点在滤纸上。

② 滤纸的制备　取滤纸浸渍在吡啶-酸酐（10∶14）的混合液中，室温下保持两个星期，取出晾干。

③ 展开溶剂　乙腈、丙酮、水按1∶3∶1配制。

④ 显色剂　4%钼酸铵25mL，60%高氯酸5mL，1mol/L盐酸溶液10mL，用水稀释至100mL。

2. 薄层色谱法在配方分析中的应用

薄层色谱法的特点是分离迅速，薄层展开所需时间约为15～60min，可检出微克至 $10^{-5}\mu g$ 物质，所需样品量少（约数微克），可提纯样品，制备标准样品。

薄层色谱法是以吸附为主的一种方法，最常用的吸附剂是硅胶G（内含石膏胶黏剂）或硅胶GF254（掺有荧光物质，254nm紫外线照射下会发绿光），其粒度一般为10～40nm，有时也可用氧化铝粉或聚酰胺粉。

氧化铝粉多用于分离弱极性物质，聚酰胺粉适用于分离酚类物质，但其粘接力差，常掺入纤维素或淀粉后使用。

薄层色谱分离效率的关键在于选择一个合适的溶剂体系作为展开剂。

一般剖析一个未知样品可以先在一小块薄层板上（9cm×3cm）进行不同极性溶剂体系的展开试验，以寻找出比较合适的展开溶剂体系。然后，再在20cm×20cm的薄层板上进行薄层色谱分析。

检定薄层色谱上各个分离的组分可以在紫外线照射下进行，或在薄层板上喷射某种显色剂，使分离出的斑点显色。

薄层色谱不仅用于分析测试上，而且还可用于制备纯化样品上。

从制备薄层色谱分离得到的各种组分连同薄层板上的硅胶一起刮下，收集，分别装填在各自的玻璃管中，用有机溶剂淋洗，蒸干淋洗液中的溶剂后，即得到这些色谱分离的组分。

薄层色谱法不仅是一种很好的分离方法，而且如果有标准已知结构样品，还可以做定性鉴定和定量测定。

在定性分析方面必须把未知样品和已知标准样品同时在一块薄层板上用色谱法分离，并且至少有两种不同的溶剂展开体系，都能做到未知样品某个斑点和已知标准样品间的 R_f 值相同，才能肯定未知样品该斑点的化学结构与标准样品的化学结构相同。

例如：薄层色谱法在聚氯乙烯制品增塑剂混合物的分离和鉴定中的应用。

首先把增塑剂从高分子制品中分离出来，然后进行增塑剂混合物薄层色谱法分离与鉴定。

把约 2g 的聚氯乙烯制品切成小碎块，放入烧杯中，加入新蒸出的四氢呋喃约 25mL 放置过夜，以使聚氯乙烯完全溶解，再用分液漏斗一滴滴加入甲醇，总共加入 200mL 甲醇，过滤沉淀并用少量甲醇洗涤，所得滤液在水浴上蒸发浓缩。

溶剂萃取法是用乙醇或其他合适的有机溶剂在索氏抽提器中加热抽提增塑剂。

3. 柱色谱法在配方分析中的应用

柱色谱所用的吸附剂常有硅胶、氧化铝、聚酰胺粉、纤维素粉、活性炭等。硅胶柱色谱能应用于非极性化合物的分离纯化，也能应用于极性化合物的分离纯化。

聚酰胺柱色谱的特点是样品上柱量大，吸附剂可重复使用等。聚酰胺的酰胺键可与酚、醌、硝基化合物等形成氢键，产生吸附而达到分离效果。

柱色谱洗脱液有很多，可以是单一组分溶剂，也可以是混合溶剂。但这些洗脱液使用的先后顺序是遵照溶剂的洗脱力顺序而确定的。

溶剂从吸附剂上洗脱被吸附物质的能力与极性有关，极性越强，则洗脱力越强。

各种溶剂的洗脱力从弱到强的顺序：石油醚（己烷、戊烷）、环己烷、二硫化碳、四氯化碳、二氯乙烯、苯、二氯甲烷、三氯甲烷、乙醚（无水）、四氢呋喃、乙酸乙酯（无水）、丙酮（无水）、丁酮、正丁醇、乙醇、甲醇、水、冰醋酸、吡啶、有机酸。

此顺序不仅适用于柱色谱选择洗脱液时参考，也可供选择薄层色谱展开剂时参考，但该次序仅是一般的情况，进行色谱分离时还需先做探索性试验。

柱色谱法在一种进口卫生杀虫剂配方分析中的应用，该杀虫液装在手动喷枪内，蚊子、苍蝇、蟑螂、蚂蚁等触及药液当场死亡，而对人畜毒性很弱，相当于一般的杀虫菊蚊香。

取样品 20mL 进行柱色谱分离，先用石油醚洗脱，洗脱出工业汽油，然后改用四氯化碳、三氯甲烷、乙酸乙酯、丙酮和乙醇等依次洗脱，得到三四种有效成分，然后再分别进行结构鉴定。

进行分离、结构鉴定得出了各组分的结构和整个配方。该杀虫液的有效成分为三种除虫菊酯类杀虫剂和一种增效剂。总有效成分只含 0.5%，其余组分为工业汽油。

4. 气相色谱分离分析方法在配方分析中的应用

气相色谱分离分析技术常使用两种类型的色谱柱：一种是填充柱，固定的液相置于内径约 4～6mm 的色谱柱中，呈薄膜状，分布于惰性的颗粒载体上；另一种则是管径很细、不装载体的细柱，即毛细管柱（内径约 0.25mm）。固定相以液膜形式润湿柱壁。

当流动的气相（载气）连续地从色谱柱中流过，挥发组分的混合物被注入时，就会被流动的载气带入色谱柱中，有些组分在固定相中溶解度较大或对固定相亲和力较大，该组分分子进入载气中的反复次数较少，较慢地到达检测器，而有些组分较快地到达检测器，这样就使混合物各组分得到分离。

气相色谱特点在于：

① 用惰性气体作为流动相，物质在气相中传递速率快；

② 气态样品组分在气液两相间可以瞬时达到平衡，固定的样品种类多，检测器灵敏度高，选择性好，因此，气相色谱具有高效能、高选择性、高灵敏性（可以检测 10^{-13}～10^{-11} g 物质）；

③ 快速、应用广；

④ 一般适用于分析气、液以及相对分子质量在 400 以下，加热能汽化的物质，不适用于分析易于热分解的物质；

⑤ 但气相色谱的一个主要缺点是需要标准样品，才能进行定性定量分析。

为了弥补这一缺点，近年来发展了气相色谱-质谱联用和气相色谱-红外光谱联用，既发挥了色谱的高分离能力，又发挥了质谱和红外光谱的高鉴别能力，可以一次完成配方的组分分离和结构鉴定。

为了鉴定未知化合物的结构，首先应测定被鉴定化合物的相对保留值 $R_{相对}$：

$$R_{相对}=BD/BC \tag{1-2}$$

式中 BD——未知物保留值；

BC——内标物保留值。

正戊烷和其他正构烷已经证明是很好的标准化合物。

将测得的相对保留值与文献中的数据比较，常可推测出这些组分的结构。

使用极性不同的固定液再做一次气相色谱分离。

若符合待鉴定物质结构的标准化合物与未知物混合后再进行一次气相色谱分析，其结果更可靠。

利用相对保留值定性鉴定，不像用保留值那样要求苛刻的试验条件，只要求固定相及室温与文献资料相同即可，即使柱径、柱长、流速及填充情况有所改变，也不影响相对保留值。

5. 高效液相色谱在配方分析中的应用

高效液相色谱选用了两种类型的填充剂：一种是薄壳型，以大小均匀、坚实的实心玻璃球（直径 30～40μm）作为核心，球外覆盖一层很薄的多孔色谱材料（膜厚约 1μm）；另一种是直径为 5～10μm、范围很窄（数微米）的全多孔硅胶。在这样的填充物上涂以适当的固定液，或者采用化学结合的固定液，可以进行液-液分配色谱。

由于这些填充剂具有特殊的性能和规格，大大提高了高效液相色谱柱的柱效；柱效能高达 40000 块塔板/m 以上，可以分离十分相似以及成分复杂的配方组分。

（1）利用已知化合物对照定性鉴定　类似于气相色谱广泛采用的定性指标保留值或相对保留值，高效液相色谱也是利用保留时间定性的，当色谱柱和液相色谱操作条件如柱温、流动相及流速不变时，任何一种化合物都有固定的保留时间可作定性分析的指标。

如果样品比较复杂，不宜用保留时间定性时，可将某种已知化合物加入样品中一起进样，比较加入与不加入已知化合物的液相色谱图，若某峰增高，则该峰为已知化合物。

（2）收集流出组分鉴定　用分步接收器收集未知液相色谱峰，将移动相的溶剂蒸发即得到纯的未知组分，对该化合物做红外光谱、核磁共振波谱或质谱定性鉴定。

（3）利用联用仪器定性鉴定　如高效液相色谱与质谱、高效液相色谱与红外光谱、高效液相色谱与紫外光谱联用。这些联用仪器对多种组分混合物样品可直接进行分析鉴定。

6. 凝胶色谱

凝胶色谱分离基础主要根据溶液中分子体积的大小，犹如对溶液中所有组分按分子体积大小基行过筛，有独特的分离效果。

凝胶色谱根据所选的填料不同，可以适用于分离和分析油溶性和水溶性化合物，特别适用于分离相对分子质量大于 2000 的高分子物质（以得到试样的相对分子质量分布），对含有相对分子质量差别比较大的混合物和低分子混合物的分离也非常有效。

对于一般产品配方中的有机混合物，首先用凝胶色谱分离来判明混合物的复杂程度，以便于进一步选用其他方法做更细的分离。

凝胶色谱原理容易，试验操作简单，不需要使用梯度淋洗装置，使用效率高，凝胶色谱中溶质的保留时间反映了其分子体积的大小，有利于对未知物的鉴定，凝胶色谱分离不涉及大多的分子间作用力，具有分离条件温和、色谱柱寿命长等优点。

九、精细化学品结构分析方法简介

如果采用联用型分析仪器，可以把分离和结构鉴定有机地结合在一起，迅速得到混合物各个组分的化学组成，大大地提高了剖析工作的效率。

这些联用分析仪器都是把混合物分离仪器诸如色谱分析仪、气相色谱、双相色谱和结构鉴定用的分析仪器如红外光谱、质谱仪、核磁共振仪组合起来。

现在已经商品化的联用仪器有气相色谱-质谱仪、液相色谱-质谱仪、气相色谱-红外光谱仪、液相色谱-核磁共振仪等。

1. 分析过程

(1) 纯度的确定　在对被剖析样品进行初步分离后得到的各组分进行结构鉴定之前，必须确定其纯度。

一般可用气相色谱、液相色谱或薄层色谱检查色谱斑点。如果色谱峰单一，无杂质峰出现，可认为组分是纯化合物。

也可以测定其熔点或沸点范围，如果熔点和沸点范围很窄，样品纯度较高。熔点、沸点测定方法较多，如较先进的有显微熔点测定仪。

(2) 测定相对分子质量　测定化合物的相对分子质量有专门的仪器，常用的有冰点下降法、渗透压法，质谱仪也用于测定相对分子质量，且具有快速、准确的优点。

(3) 确定分子式。

(4) 计算不饱和度　不饱和度是表示分子中不饱和程度高低的参数，即表示双键的数量或分子中的环数和重键数。分子的不饱和度对分析样品分子结构很有帮助。

(5) 测定样品化合物的各种仪器的分析数据　对样品化合物进行紫外光谱、红外光谱、核磁共振波谱和质谱等分析测试，有必要时可进行化学反应试验。

(6) 推断化学结构式　通过综合以上各种分析结果，确定化合物的分子结构。

2. 红外光谱（IR）应用简介

(1) 红外光谱定性分析特点

① 特征性高　每一种化合物都有它固有特征的红外光谱图。其吸收峰的数目、频率值、强度和形状随着化合物及其状态的不同而异。可从红外光谱吸收峰找出官能团，确认化合物的化学结构。

② 分析时间短　测定简单、省时，解析较为容易，还可以利用计算机进一步提高准确度和效率。

(2) 红外光谱图的解析方法

① 否定法　如果样品红外谱图的某个波数区域的谱带对于某个基团是特征的，那么当这个波数区域没有出现红外吸收峰时，就可断定样品分子中不存在该官能团。如 3700～3100cm^{-1}区域没有红外吸收峰时，就可排除 NH—、HO—基团的存在；2260～2220cm^{-1}区域没有红外吸收峰，可以排除氰基和异氰酸酯的存在。

② 肯定法　解析红外谱图时，一般从谱图中主要的强吸收峰开始，因为它往往是化合

物的主要官能团，然后再分析其他较特征的吸收峰。不明显、强度较弱的吸收峰，可以不予考虑。

有很多红外吸收峰是很有特征的：如 1100cm^{-1}谱峰很强，形状又很对称，就可以判断有醚基；在 2242cm^{-1}附近出现吸收峰，就可以断定有氰基或异氰酸酯的存在。

3. 紫外光谱结构分析中的应用简介

① 紫外光谱原理　精细化学品分子中最外层价电子吸收紫外、可见光，由基态跃迁到高能量的激发态，所产生的光谱称为紫外、可见光谱。

从分子化学键的性质来看，与紫外有关的主要有形成单键的电子、形成双键的电子和非成键三种电子的跃迁。这三种电子从成键轨道或非键轨道发生跃迁到反键轨道，紫外分光光度计的测定范围是 200～400nm 的近紫外区，所以只有 π-π^* 和 n-π^* 跃迁有实际意义，所以，紫外光谱只适用于分子中有不饱和结构化合物的分析测试。

② 鉴定发色官能团

a. 在 200～800nm 区没有吸收峰，可推断样品不含有共轭体系，也不含有醛、酮、硝基等发色基因；

b. 在 200～250nm 有强吸收峰，说明有共轭体系存在；

c. 在 260nm、300nm 或 330nm 附近有吸收峰，各有 3 个、4 个或 5 个共轭体系；

d. 在 260～300nm 区有中等强度的吸收峰，可能是芳香族化合物；

e. 在 290nm 附近有弱的吸收峰，说明是酮或醛类化合物；

f. 化合物如果有颜色，说明共轭体系较长，吸收峰在可见光区 400～720nm。

③ 推断精细化学品骨架　通过比较，当样品化合物与已知化合物的紫外光谱一致时，可以认为两者具有同样的发色基和骨架。

4. 核磁共振波谱在结构分析中的应用简介

核磁共振波谱的简单原理是电子在做自旋运动时会产生磁矩，试验证实只有电荷数和质量均为奇数时，如 H、C、O、F、P 等原子有自旋现象，其自旋磁矩与外加磁场的方向相同或相反，这种取向相当于两个能级，从而产生能量差，当外界供给能量时，其频率正好等于这个能量差时，原子核吸收这一能量，从而发生共振吸收。

一般采用氢核的仪器较多。不同化学环境的质子，核磁信号将出现在不同的地方，同样的质子当外围的电子密度不同时，对磁场的屏蔽作用也不同，因此核磁共振发生的地方也不同，这种不同对外加磁场会产生对抗磁场，降低原子核所经受的磁场强度，降低的程度与化学结构有关（在结构测定中很重要）。

不同结构中的质子发生共振会在不同的磁场强度时出现，该现象一般称为化学位移。根据不同化合物的化学位移和自旋偶合常数对化合物的结构进行研判。

5. 质谱在结构分析中的应用简介

质谱分析的简单原理是当气态分子或固体、液体的蒸气受到一定能量电子轰击之后，成为具有正电荷的离子，然后在电场和磁场的综合作用下，按离子的质量大小依次排列成谱并记录下来。

质谱仪一般有三个作用：将各种不同的物质汽化；再将气相的中性分子变成离子；最后按其质量对电荷比表示并记录成图谱。

通过分裂的离子碎片进行鉴定精细化学品的结构，可以测定化合物相对分子质量、分子式，确定化合物的结构，进行混合物的定量分析等。

习　题

1. 什么是精细化学品分析？

2. 精细化学品分析如何分类？

3. 精细化学品分析的发展趋势是什么？

4. 精细化学分析分析的基本程序是什么？

5. 精细化学品的初步检验包含哪些内容？

6. 常用的理化分离方法有哪些？

7. 浅谈色谱法在精细化学品分离中的应用。

8. 精细化学品结构分析的方法有哪些？

第二章　表面活性剂分析

学习目标

1. 掌握表面活性剂的结构特点，理解表面活性剂的基本概念及相关术语。

2. 掌握表面活性剂不饱和度测定、临界胶团浓度、乳化力测定的方法及原理。

3. 了解表面活性剂中、高黏度乳液的特性测试及其乳化能力的评定方法。

4. 了解乙氧基化醇和烷基酚硫酸盐活性物质总含量、阴离子表面活性剂水中溶解度的测定方法及相关原理。

第一节　概　述

表面活性剂是指这样一类物质，当溶于水中即使浓度很少时，能显著降低水同空气的表面张力，则该类物质称为表面活性剂。目前表面活性剂已被广泛用于纺织、制药、化妆品、食品、造船、土建、采矿以及洗涤等各个领域。

一、表面活性剂的特点

(1) 双亲媒性　从化学结构看，表面活性剂分子中应同时具有亲油性（憎水性）的碳氢键和亲水性的官能团。

(2) 溶解度　表面活性剂至少应溶于液相中的一相。

(3) 界面吸附　在达到平衡时，表面活性剂溶质在界面上的浓度要大于溶质在溶液整体中的浓度。

(4) 界面定性　表面活性剂在界面上会定向排列成分子层。

(5) 临界胶团浓度　当表面活性剂溶质的浓度达到一定时，会产生聚集而形成胶团，这种浓度的极限值称为临界胶团浓度（cmc）。

(6) 多功能性　表面活性剂的溶液通常具有多种复合的功能。如清洗、发泡、润湿、乳化、增溶、分散等。

二、表面活性剂的结构

水溶性表面活性剂的分子结构都具有不对称性和极性的特点。分子中具有亲水基和亲油基，亲油基也称为疏水基，由长链—CH_2—CH_2—CH_2—CH_2—组成，链有长有短，有的具有支链 $\begin{matrix}—CH_2—CH_2\diagdown \\ \quad\quad\quad\quad CH—CH_2— \\ —CH_2—CH_2\diagup\end{matrix}$，有的被杂原子 —$CH_2$—O—$CH_2$— 或环状原子团 CH_2—⟨苯环⟩— 一般可从石油产品中获得所中断。亲水基则有羧基、磺酸基、硫酸酯基、醚基、氨基、羟基等。通常用符号表示如下：

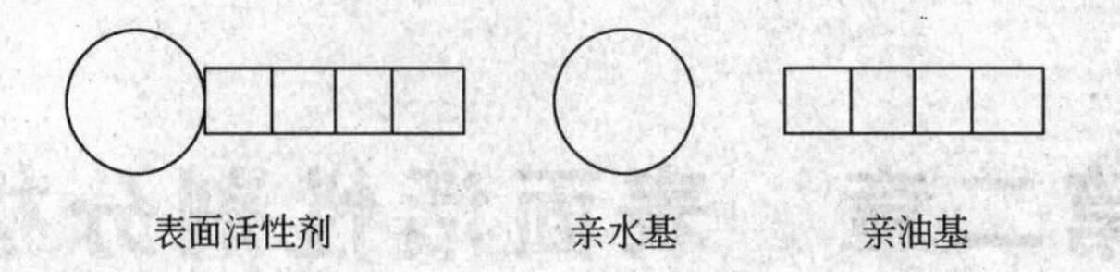

三、表面活性剂的分类

表面活性剂有很多种分类方法，人们一般按照它的化学结构来分类。

（1）阳离子型表面活性剂　如胺盐：$C_{18}H_{37}NH_3^+Cl^-$。

（2）两性表面活性剂　如氨基酸型：$R—NH—CH_2—COOH$。

（3）非离子型表面活性剂　如聚乙二醇：$HOCH_2[CH_2OCH_2]_nCH_2OH$。

四、表面活性剂的亲水-亲油平衡值（HLB）

表面活性剂的结构对其效率及有效值有一定影响。表面活性剂的效率是指使水的表面张力明显降低所需要的表面活性剂的浓度；表面活性剂的有效值则是指表面活性剂能够把水的表面张力可能降到的最小值。当憎水基团链长增加时，效率提高；但当链长相当长时，再增加链长往往使表面活性剂的有效值降低。当憎水基团有支链或不饱和度增加时，效率降低，但有效值却增加。当两亲分子中的亲水基团由分子末端向憎水链中心位置移动时，效率降低，有效值却增加。总之，长链而一端带有亲水基团的表面活性剂，降低水表面张力的效率很高，但在有效值上比短链的同系物或具有支链或亲水基团在中央的同系物差得多。

离子型表面活性剂由于亲水基团在水中电离而产生了静电排斥力，所以效率不高，有效值也不高。

当离子型表面活性剂的浓度较低时，以单分子形式存在，由于它的两亲性质，这些分子聚集在水的表面上，使空气和水的接触面减少，引起水的表面张力显著降低（当然也有一部分在水中的表面活性分子自相接触，把憎水基团靠在一起，开始形成简单的胶团）。当溶解浓度逐渐增加时，不但表面上聚集的表面活性剂增多，形成单分子层，而且溶液内部表面活性剂分子也三三两两地互相聚集形成胶团，排列成憎水基向里、亲水基向外的胶团。胶团可以是球状、棒状或层状。形成胶团的最低浓度叫做临界胶团浓度。继续增加表面活性剂的浓度，超过了临界胶团浓度后，由于表面已经占满，只能增加溶液中的胶团数量，即形成表面活性剂憎水基团靠在一起的胶团。由于胶团不具有活性，表面张力不再下降。

表面活性剂的种类繁多，对于一定体系究竟采用哪种表面活性剂比较合适，效率最高，目前还缺乏理论指导。一般认为，比较表面活性剂分子亲水基团的亲水性和亲油基团的亲油性是重要指标：

$$表面活性剂亲水性=亲水基的亲水性-憎水基的憎水性 \tag{2-1}$$

$$表面活性剂亲水性=亲水基的亲水性\div憎水基的憎水性 \tag{2-2}$$

由于每一个表面活性剂分子都包含亲水基团和憎水基团两部分。亲水基的亲水性代表表面活性物质溶于水的能力，憎水基的憎水性代表溶油能力。

憎水基的憎水性和亲水基的亲水性在大多数情况下不能用同样的单位来衡量，所以较少用相减的方法，基于此，格里芬（Griffin）提出用 HLB 来表示表面活性剂的亲水性。HLB 是一个相对值，即规定亲油性强的石蜡的 HLB 等于 0；亲水性强的聚乙二醇的 HLB 等于 20。以此为标准，定出其他表面活性剂的 HLB。HLB 越小，表面活性剂的亲油性越强，反之，亲水性越强。

表面活性剂的 HLB 本来是为选择乳化剂而提出的一个经验指标。Devis 将 HLB 作为结构因子的总和来处理，把表面活性剂结构分解为一些基团，每一基团对 HLB 均有确定的影响，可以从相关资料中查出各种基团的 HLB（称其为 HLB 基团数），将各基团数代入式（2-3）中，即可计算出表面活性剂的 HLB。

$$HLB=7+\Sigma(\text{亲水基的基团数})-\Sigma(\text{亲油基的基团数}) \qquad (2\text{-}3)$$

对于一般的表面活性剂，其亲油基为碳氢键，故 Σ(亲油基的基团数) 要写为 $0.475m$（m 为亲油基的碳原子数）；如果是—(C_2H_4O)—为亲水基的非离子表面活性剂，则可用式（2-4）表示：

$$HLB=\frac{E}{5} \qquad (2\text{-}4)$$

式中 E——表面活性剂中环氧乙烷的质量分数，%。

阴、阳离子表面活性剂的 HLB 在 1～40 之间，而非离子型表面活性剂的 HLB 在 1～20 之间。部分 HLB 基团数见表 2-1。

表 2-1 部分 HLB 基团数

亲水基	基团数	亲油基	基团数	亲水基	基团数	亲油基	基团数
—SO_4Na	38.7			酯(失水山梨醇环)	6.8		
—COOK	21.1	$\overset{\vert}{—CH—}$	0.475	酯(自由)	2.4	—(C_3H_6O)—	0.5
—COONa	19.1	—CH_2—	0.475	—COOH	2.1		
—SO_3Na	11	—CH_3	0.475	—OH	1.9		
				—O—	1.3	—CF_2—	0.870
—N(叔胺)	9.4	═CH—	0.475	—OH(失水山梨醇环)	0.5	—CF_3	0.870
				—(C_2H_4O)—	−0.33		

五、表面活性剂分析试样的制备

1. 液体试样的制备

表面活性剂液体样品的制备比较方便，通常在天平上精确称取一定量的试样，置于容量瓶中，用蒸馏水稀释至刻度，摇匀。

2. 粉状样品的分样

粉状样品要求在不改变组成的情况下，对样品的数量进行缩分，即分样。通常采用的是旋转式分样器（图 2-1）。

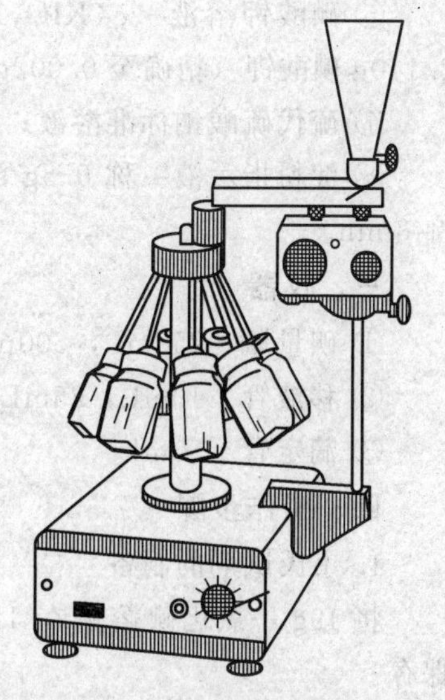

图 2-1 旋转式分样器

分样方法如下。

① 所分样品总量小于分样品的容量时，将 8 支 100mL 接受瓶称重并进行编号后，如图 2-1 进行安装。装好加料斗，将样品倒入。开启转盘和振动器，样品由送料槽慢慢进入漏斗。

② 如样品量较大，需要进行几次分样。将接受瓶标记后，每次取有标记的接受瓶，混合即可。

③ 不能通过一次分样得到所需要的量时，则将几次分样所取部分混合后再分样。如试样量为 400g，第一次分样后得 50g，取两次分样后得 12.5g。

④ 试样量最少不得少于 10g。

六、表面活性剂分析方法

表面活性剂的通用分析方法系指所用各类表面活性剂都适用的分析方法，这些方法也是较为常规范化的分析项目。比如：酸度、硬度、游离碱度或游离酸度的测定，碘值、皂化值的测定，表面张力、分散力、乳化力的测定等。

表面活性剂产品技术要求及检验方法主要是限界分析。即针对各类表面活性剂的技术指标做出产品合格与否的判定。

表面活性剂分析分为合成洗涤剂常规分析、合成洗涤剂原料分析、合成洗涤剂生产控制分析、表面活性剂常规分析、表面活性剂基础分析、表面活性剂结构分析、表面活性剂分离分析、未知物分析和溶液配制。

第二节　表面活性剂不饱和度的测定

一、测定原理

本方法用于测试表面活性剂所含不饱和酸类、醇类、胺类、动植物油脂类的总体含量。

通常是用一定条件下，每 100g 样品所吸收碘的质量 $gI_2/100g$ 试样表示。

试样在溶剂中溶解后，加入韦氏试剂。经过特定的反应时间，再加入碘化钾溶液和水。用硫化硫酸钠标准溶液滴定析出的碘。

二、试剂

① 三氟甲烷；

② 四氯化碳；

③ 碘；

④ 碘化钾溶液　150g/L；

⑤ 盐酸溶液　1∶1 溶液；

⑥ 碘酸钾溶液　$c(KIO_3)=0.04mol/L$，将碘酸钾在 105～110℃干燥 1h，然后称取 2.140g 碘酸钾（精确至 0.002g），并溶解于水中，稀释至 1L；

⑦ 硫代硫酸钠标准溶液；

⑧ 淀粉指示液　称 0.5g 淀粉和 1g 碘化汞，用少量水混合后加到 100mL 沸水中，煮沸 3min。

三、仪器

① 碘量瓶　250mL，500mL；

② 移液管　10mL，25mL；

③ 滴定管　50mL。

四、操作步骤

1. 韦氏试剂的制备

将 19g 一氯化碘溶解在 1L 冰醋酸中，搅匀后置于棕色小口碘量瓶内，在 25℃以下保存。

2. 韦氏试剂中碘-氯比率的测定

（1）测定　取50mL盐酸溶液和50mL四氯化碳，放入500mL碘量瓶中，用干燥的移液管吸取25mL韦氏试剂，加到碘量瓶中，摇匀。用碘酸钾溶液滴定紫色四氯化碳层中的游离碘，到无色为终点。另取一50mL碘量瓶，吸取25mL韦氏试剂放入其中，并立即加入150mL水和15mL碘化钾溶液。用硫代硫酸钠标准滴定溶液滴定，用淀粉溶液作指示剂。

（2）计算　碘-氯比率按下式计算。

$$\frac{n(\mathrm{I})}{n(\mathrm{Cl})}=\frac{c_1V_1+c_2V_2}{c_1V_1-c_2V_2} \tag{2-5}$$

式中　V_1——测定一氯化碘中碘量时所用硫代硫酸钠标准溶液的体积，mL；

c_1——硫代硫酸钠标准滴定溶液的实际浓度，mol/L；

V_2——测定游离碘时所用碘酸钾溶液的体积，mL；

c_2——碘酸钾溶液的实际浓度，mol/L。

碘-氯比率应大于1，否则要加一定量的纯的重升华碘于韦氏试剂中，重测碘-氯比率。

（3）试样的称量　根据预计的碘值不同称取试样质量，如表2-2所示。

表2-2　试样取样量要求

预计的碘值/(gI_2/100g)	试样质量/g		预计的碘值/(gI_2/100g)	试样质量/g	
	表面活性剂、脂肪酸、醇、动植物油脂	脂肪胺		表面活性剂、脂肪酸、醇、动植物油脂	脂肪胺
＜5	3.00	1.5	51～100	0.20	0.25～0.53
5～20	1.00	0.85～1.06	101～150	0.13	0.18～0.32
21～50	0.40	0.64～0.79	151～200	0.10	0.13～0.20

（4）试样的测定　将称取的试样（精确至0.002g）放入干燥的250mL碘量瓶中，加入30mL三氯甲烷，使试样完全溶解。准确吸取10mL韦氏试剂加入瓶中，瓶塞用碘化钾溶液湿润后，立即将瓶盖紧，摇动碘量瓶，使瓶中溶液充分混合，并置于25℃以下暗处。对于碘值低于150gI_2/100g的试样，放置1h；对于碘值高于150gI_2/100g的和已经氧化的物质以及聚合物，放置2h。

将碘量瓶从暗处取出，加入15mL碘化钾溶液和50mL水。用硫代硫酸钠标准滴定溶液滴定，直到碘的黄色几乎消失时，加入2mL淀粉指示液，继续滴定，并剧烈摇动，直到蓝色刚好消失。

对同一试样进行两次测定。

同时做一空白试验。

五、结果表述

以质量分数表示的碘值（w），按下式计算：

$$w=\frac{c(V_0-V)T_{\mathrm{I_2/Na_2S_2O_3}}}{m}\times100\% \tag{2-6}$$

式中　c——所用硫代硫酸钠标准溶液的实际浓度，mol/L；

V_0——用于空白试验所消耗的硫代硫酸钠标准溶液的体积，mL；

V——用于测定试样所消耗的硫代硫酸钠标准溶液的体积，mL；

$T_{\mathrm{I_2/Na_2S_2O_3}}$——硫代硫酸钠标准溶液对碘的滴定度；

m——试样的质量，g。

第三节　表面活性剂临界胶团浓度的测定

一、测定原理

对于一般电解质溶液，其导电能力由电导率 L，即电阻的倒数（$1/R$）来衡量。若所用电导管电极面积为 a，电极间距为 l，用此管测定电解质溶液电导，则：

$$L=\frac{1}{R}=k\frac{a}{l} \tag{2-7}$$

式中　k——比电导或电导率是 $a=1\text{m}^2$、$l=1\text{m}$ 时的电导，$\Omega^{-1}\cdot\text{m}^{-1}$；

$\frac{a}{l}$——电导管常数。

电导率 k 和摩尔电导 λ_m 由下列关系求出：

$$\lambda_m=\frac{k}{c} \tag{2-8}$$

式中　λ_m——1mol 电解质溶液的导电能力；

c——电解质溶液的浓度，mol/L。

λ_m 随着电解质浓度而变，对强电解质的稀溶液：

$$\lambda_m=\lambda_m^{\infty}-A\sqrt{c} \tag{2-9}$$

式中　λ_m^{∞}——浓度无限稀时的摩尔电导；

A——常数。

对于离子型表面活性剂溶液，当溶液浓度很稀时，电导的变化规律和强电解质一样；但当溶液浓度达到临界胶团浓度时，随着胶团的生成，电导率发生改变，摩尔电导急剧下降，这就是电导法测定 cmc 的依据。

二、试剂

① 氯化钾；

② 十二烷基硫酸钠（用乙醇经 2～3 次重结晶提纯）；

③ 电导水。

三、仪器

① 学生型电位计；

② 音频振荡器；

③ 示波器；

④ 恒温槽；

⑤ 四钮或六钮电阻箱；

⑥ 电导管；

⑦ 容量瓶；

⑧ 移液管。

四、操作步骤

1. 电导的测量

交流电桥法测溶液的电阻线路如图 2-2 所示。图 2-2 中 R_1 为待测溶液的电阻（待测液放在电导管中），R_2 为四钮或六钮电阻箱，R_3 和 R_4 为学生型电位计的滑线电阻，阻值为 10Ω，均分为 1000 等份。音频振荡器供给交流讯号，示波器（图 2-2 中用 OSC 表示）检波，也可用耳机。滑线上的接触点固定在 A，调节 R_2，使示波器荧光屏上的正弦波变为一条水平线为止，此时 A 与 B 两点电位相等，即电桥达到平衡，则：

$$\frac{R_1}{R_2}=\frac{R_3}{R_4}=\frac{A}{1000-A} \tag{2-10}$$

若 L、H 两点接柱改接 L'、H'，则：

$$R_1=R_2\,\frac{4500+A}{4500-A} \tag{2-11}$$

采用示波器检波比用耳机灵敏度高，且不受噪声干扰，测量时，A 的数值可固定在 500 的位置，使相对误差趋于最小，也可减少处理数据的麻烦。

按图 2-2 接好线路，准备测量。

① 安装好恒温槽　温度调节到 (25±0.1)℃。

② 测定电导管常数　用电导水将电导管冲洗干净，并用少量 0.02mol/L 的 KCl 溶液刷洗 2 次，测量时先恒温 10min，按上述进行测量。

③ 用 25mL 容量瓶精确配制浓度范围在 $3\times10^{-3}\sim3\times10^{-2}$ mol/L 的 8～10 个不同浓度的十二烷基硫酸钠水溶液。配制时最好用新蒸馏出的电导水。

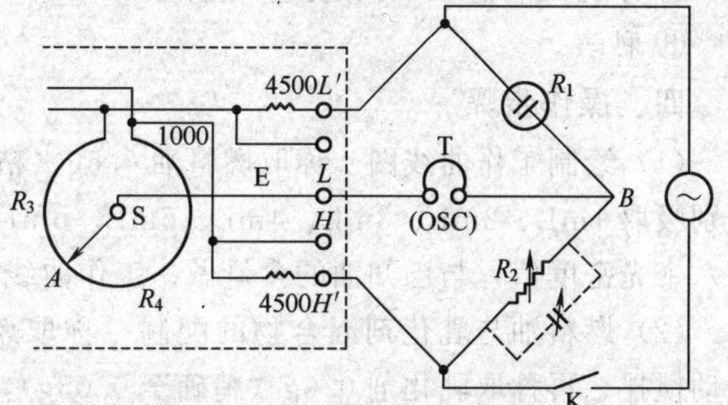

图 2-2　交流电桥法测溶液电阻线路

T，OSC—振荡器；K—开关；S—旋钮；E—接头；L，H，L'，H'—电感线圈接点；R_1～R_4—电阻

④ 从低浓度到高浓度依次测定表面活性剂溶液的电阻值。每次测量前电导管都得用待测溶液刷洗 2～3 次。

2. 结果处理

① 由 0.02mol/L KCl 水溶液在 25℃时的电导率及测出的电阻值求出所用电导管的电导管常数。

② 计算各浓度的十二烷基硫酸钠水溶液的电导率和摩尔电导。

③ 将数据列表，做 k-c 图与 λ_m-$\sqrt{c}$ 图，由曲线转折点确定临界胶团浓度 cmc 值。

第四节　表面活性剂乳化力的测定

一、测定原理

本法是表面活性剂乳化力测定法之一，主要适用于流出油处理剂乳化能力的测定。乳化剂与具有颜色的油类以一定的比例进行充分混合后，加到水中，经过振荡，生成乳化液。静置分层后，用溶剂萃取乳化层中的油。测定萃取液的光密度。从工作曲线上找到对应的乳化油量，从而算出乳化力的大小。

二、试剂

① 三氯甲烷（氯仿）　化学纯；

② 燃料油（船用内燃机燃料油） 赛氏黏度400～500s；密度（20℃）$0.8872g/cm^3$；

③ 蒸馏水 pH为7～8；水温一定（报告中应注明）；

④ 无水硫酸钠 化学纯。

三、仪器

① 球形分液漏斗 容量60mL；

② 移液管 10mL，20mL，25mL；

③ 容量瓶 25mL，50mL，100mL；

④ 具刻度烧杯 50mL；

⑤ 水平振荡器 220V，240次/min；

⑥ 搅拌器 不锈钢制桨式搅拌器及圆柱形杯；

⑦ 手持式转速表 测定搅拌速率；

⑧ 秒表。

四、操作步骤

（1）绘制工作曲线图 称取燃料油0.5g（精确至0.001g），用三氯甲烷稀释至100mL。分别吸取1mL、2mL、3mL、4mL、5mL、6mL，各稀释至50mL，测定光密度，根据所测的六个光密度值，与已知油的含量做一工作曲线。

（2）燃料油与乳化剂混合物的配制 称取燃料油30g（精确至0.1g），放入搅拌器中，开动搅拌。再称取乳化剂0.6g（精确至0.05g），滴加到正在搅拌的燃料油中。调节搅拌速率为1400～1500r/min，搅拌0.5h。

（3）测定 在三只60mL分液漏斗中各加规定温度的蒸馏水（pH为7～8）25mL，然后分别加入新配制的乳化剂与燃料油混合物0.2g（精确至0.01g），再各补加蒸馏水25mL。

将分液漏斗置于水平振荡器上，振荡2min，然后垂直置于支架上静置30s。放下乳化层溶液30mL于烧杯中，用移液管将溶液搅动均匀后吸取10mL，放入另一60mL分液漏斗中。用三氯甲烷约50mL分几次进行萃取，萃取液收集在50mL容量瓶中，直至刻度处。若发现萃取液较浑浊，可加入无水硫酸钠进行脱水，使溶液呈褐色透明。

在$\lambda=400nm$波长下，以三氯甲烷为对比液，对三只容量瓶内的萃取液进行光密度测定。根据光密度值，从工作曲线上找到对应的含油量，与加入油量相比，得到乳化剂的乳化力。

五、结果表述

（1）计算方法 以百分率来表示乳化力的大小。计算式如下：

$$乳化力=\frac{乳化层中含油量}{加入油量}\times 100\%=\frac{CV\times\frac{50}{10}}{m\times\frac{30}{30+0.6}}\times 100\% \qquad (2\text{-}12)$$

式中 C——从工作曲线上查得的乳化油量，g/L；

V——萃取液体积，L；

m——加入乳化剂和燃料油的量，g。

（2）重现性 由同一分析人员进行的三次测试中至少有两次结果的差不超过平均值的5%。

第五节 表面活性剂中、高黏度乳液的特性测试及其乳化能力的评定方法

一、测定原理

1. 术语

（1）乳化能力　乳化剂促使乳液形成的能力。以配制100g乳液与所耗用的乳化剂的最少质量（g）之比表示。

（2）破乳　由于被乳化液体的颗粒聚结而造成的乳液解体。

（3）乳液的分离　连续相以透明或澄清的形式出现。

2. 原理

用不同浓度的表面活性剂通过机械搅拌制备一系列乳液，根据电导法测定乳液的类型，并在一定条件下测定乳液的性能，由此评定表面活性剂的乳化能力。

本方法适用于由表面活性剂、不溶于水的固体或液体与水形成的乳液。该乳液在性能测定的温度范围内应保持其流变性。

二、乳液的制备

1. 仪器和设备

① 实验室常用仪器；

② 具塞磨口玻璃瓶　125mL；

③ 不锈钢搅拌器；

④ 电动机　可控制转速为100～500r/min；

⑤ 恒温水浴锅。

2. 乳液的制备方法

（1）准备　水相应按“表面活性剂试验用水和水溶液电导率的测定”测定其电导率，按“表面活性剂已知钙硬度水的制备”测定其硬度，固体油相应了解其熔点。

分别称取配制400g乳液所需的油相和水相物质（精确至0.1g）于烧杯中，称取一定量的乳化剂（精确至0.1g）置于易溶的一相中，将烧杯加盖以免其蒸发，把油相和水相预热至制备乳液所需的两相相同的温度（若油相中含有固体物质，则两相应预热至高于固体熔点10℃的温度）。

若乳化剂在水相或油相中都不能完全溶解，则将它加入水相中。

（2）制备　将搅拌器置于含油相的烧杯中心，并距底部2～3mm处，调节电动机转速为250r/min，在恒温条件下，按下述方法将水相加入油相中：

第一分钟，加入5%的水相（滴加）；

第二分钟，加入50%的水相；

第三分钟，加入其余的水相，维持搅拌2min，在冷水浴中继续搅拌冷至室温，将制备好的乳液移入洁净干燥的具塞磨口玻璃瓶中，备用。

三、乳液性能的测定

1. 乳液类型的测定

按“表面活性剂试验用水和水溶液电导率的测定”测定乳液的电导率。O/W 型乳液的电导率比水相的电导率大，W/O 型乳液的电导率比水相的电导率小。

2. 目测方法及结果的评定

在强烈照明的情况下，用目力观察装在具塞磨口玻璃瓶中的乳液所呈的现象并按表 2-3 对乳液的稳定性进行评定。

表 2-3　乳液稳定性的评定

乳液的稳定性/级	乳液所呈的现象	乳液的稳定性/级	乳液所呈的现象
1	良好的均匀性	4	初步可见相的分离
2	初步可见稠度不均	5	明显可见相的分离
3	向不均匀清晰转化	6	两个相完全分离

3. 贮藏稳定性的测定

将装有乳液的具塞磨口玻璃瓶在恒温下［(23±2)℃］或其他温度（例如 0℃或 45℃）条件下，放置一定时间（例如数小时、一星期或数星期）后，按“目测方法及结果的评定”进行目测评定。

4. 离心稳定性的测定

(1) 仪器

① 离心机转速　可选 4000r/min。

② 离心分离管　10mL。

(2) 测定方法　将 10mL 乳液注入离心分离管中，在 4000r/min（或其他转速）条件下，离心分离 10min（在特殊情况下，离心分离 60min）后，按“目测方法及结果的评定”进行目测评定，并记录所观察到的现象。

5. 乳液粒径的测定

(1) 仪器　显微镜（500～1500 倍）。

(2) 测定过程　乳液制备完毕后 20min，用移液管吸取一滴乳液，在 5min 内用显微镜观察其一般外观、颗粒最大直径、平均直径以及凝聚趋势，并记录最大直径和最小直径的颗粒数。

对于油相含量超过 10%的乳液，可采用相同的水相将乳液稀释（必要时，可加入少量乳化剂或稳定剂），使油相含量下降到 5%～10%，再用移液管吸取一滴乳液稀释液，进行显微镜观察。显微镜放大倍数应根据颗粒的大小调节。也可通过显微摄影技术来测定乳液的粒径大小和分布情况。显微镜观察仅适用于 O/W 型乳液。

6. 冷热循环稳定性的测定

(1) 仪器及设备

① 冰箱　可调节温度至 10℃；

② 托盘药物天平　最大称量 500g，感量 0.5g。

(2) 测定方法　称取 100g 乳液（精确至 1g）置于具塞磨口玻璃瓶中，在（−10±2)℃条件下，放置 16h 后，于 (23±2)℃条件下继续放置 8h，作为一次冷热循环（凝胶-解冻），观察乳液状态的变化（破乳、聚结、聚凝或分离）。若乳液无明显变化，重复上述循环直至乳液状态发生变化或重复循环 5 次。乳液对冷热循环的稳定性以经受凝胶-解冻的循环次数表示。

四、乳化能力的评定

对由不同浓度的乳化剂配成的一系列乳液，按本方法规定测定其各项性能，以配制各项性能相对最佳的乳液100g与所需乳化剂的最少质量（g）之比来表示该乳化剂的乳化能力。

第六节　乙氧基化醇和烷基酚硫酸盐活性物质总含量的测定

一、测定原理

在硫酸钠存在下，将试样乙醇溶液沸腾回流、过滤、蒸发滤液后，称量残留物。将残留物溶解于丙酮溶液中，用硝酸银标准滴定溶液滴定，测定其中的氯化钠。用氯化钠含量校正残留物的质量。

本方法适用于乙氧基化醇和烷基酚硫酸盐及其产品［烷基醇氧乙烯醚硫酸盐（乙氧基化醇硫酸盐）或烷基酚氧乙烯醚硫酸盐（乙氧基化烷基酚硫酸盐）］活性物质总含量的测定。

总活性物质包括溶解于乙醇的有机物（烷基醚硫酸盐、烷基酚醚硫酸盐、聚乙二醇硫酸盐和非离子组分）。

二、试剂

① 无水乙醇；

② 二氯甲烷；

③ 无水硫酸钠；

④ 丙酮溶液 $\varphi=50\%$；

⑤ 硝酸银标准滴定溶液［$c(AgNO_3)=0.1mol/L$］；

⑥ 铬酸钾 100g/L 指示剂溶液。

三、仪器

① 普通实验室仪器；

② 磨口锥形瓶　250mL；

③ 旋转蒸发器　配有250mL圆底烧瓶；

④ 冷凝管　与锥形瓶相配。

四、试样及制备

按“表面活性剂和洗涤剂粉状样品分样法”制备实验室样品。

五、操作步骤

(1) 取样　从实验室样品（必要时加入已知的适量水使之均匀化）中称取含0.5～1.5g总活性物质的均匀试样（精确至0.001g），置于磨口锥形瓶中。

(2) 测定

① 加入100mL无水乙醇和100mg无水硫酸钠至盛有试样的磨口锥形瓶中，装上冷凝管，沸腾回流30min。

② 取下冷凝管，用无水乙醇冲洗冷凝管内壁和磨口锥形瓶颈部，收集洗涤液于磨口锥

形瓶中，使其澄清。

③ 将磨口锥形瓶中的溶液趁热通过快速滤纸，滤入经预先干燥并称量（精确至0.001g）的圆底烧瓶中，用50mL热无水乙醇洗涤磨口锥形瓶，过滤洗涤液至圆底烧瓶中。

④ 将圆底烧瓶装在旋转蒸发器上，保持温度40℃左右，用旋转蒸发器蒸发乙醇，然后加入10mL二氯甲烷，重复此步骤，再将烧瓶装在旋转蒸发器上继续蒸发15min，除去最后的痕量水。

⑤ 从旋转蒸发器上取下烧瓶，移入干燥器中放置15min，将烧瓶和残留物称量。

⑥ 将烧瓶再装在旋转蒸发器上蒸发15min，然后移入干燥器中放置15min，再将烧瓶和残留物称量，重复干燥和称量步骤至两次连续称量之差不超过0.003g。

⑦ 用60～80mL丙酮溶液溶解残留物，加入1mL铬酸钾指示剂溶液，用硝酸银标准滴定溶液滴定至棕色不变。

(3) 空白试验　在测定试样的同时，用相同试剂按照同样的操作步骤，不加试样进行平行操作。

六、结果表述

分析结果中表述活性物质总含量（w）用质量分数表示，按式（2-13）计算：

$$w=\frac{m_1-0.0585c(V_1-V_0)}{m_0}\times 100\% \tag{2-13}$$

式中　m_0——试样的质量，g；

m_1——残留物的质量，g；

c——硝酸银标准滴定溶液的浓度，mol/L；

V_0——空白试验耗用硝酸银标准滴定溶液的体积，mL；

V_1——测定残留物中氯化钠耗用硝酸银标准滴定溶液的体积，mL；

0.0585——与1.00mL硝酸银标准滴定溶液［$c(AgNO_3)=1.000$mol/L］相当的以克表示的氯化钠质量。

七、精密度

在15个实验室进行比较分析得到如下统计结果：

平均值（总活性物质 w）58.67％；

重复性标准偏差 σ_r 0.33；

再现性标准偏差 σ_R 0.94。

第七节　油包水乳液贮藏稳定性的测定

一、测定原理

将100mL样品装入标有刻度的量筒内，将量筒置于85℃带鼓风的恒温烘箱内存放48h或96h，然后测定样品中分离出来的油和水的量。另外，也可以分别得到样品上层和下层指定液位水分含量。

本方法适用于油包水乳液在贮藏和正常使用中稳定性的测定。

二、仪器

① 恒温烘箱　温度波动范围小于等于烘箱温度与室温之差的±1％。

② 刻度量筒　100mL具塞玻璃量筒，分刻度为1mL，瓶塞带放空槽。

③ 移液管　10mL。

④ 玻璃瓶　约30mL。

三、试样及制备

为了保证样品均匀性，在移取试验所需的量以前，必须将样品充分混合，对于1L及其以下容器，可以用手工剧烈搅动或机械方法混合3～5min；对于更大的容器，可以适当延长搅拌时间，以保证样品均匀。

四、操作步骤

1. 方法A（48h试验）

（1）48h试验　将100mL样品移入刻度量筒中，盖上瓶塞。将其放入恒温于（85±1）℃的烘箱内48h后（量筒放于烘箱中部，距烘箱底部至少75mm，以保证温度的均匀性），将量筒从烘箱中移出，在室温（21±3）℃下静置1h，观察并记录分离出油和水的体积。并将移液管尖端准确地置于量筒80mL刻度处，缓缓移取10mL样品至玻璃瓶中，作为上层试样；再将移液管尖端准确置于量筒15mL刻度处，缓慢移取10mL样品至玻璃瓶中，作为下层试样。

注：1. 当同时进行多个样品测定时，安放量筒时应避免对流不足而导致烘箱内温度的差异。并且测定样品个数应予以限制。

2. 若分离的水量在体积上等于或超过10%，下层试样的水分含量为选做步骤。

（2）上层试样和下层试样水分含量的测定　将玻璃瓶中的试样振摇后，以1∶2二甲苯-甲醇混合溶剂作为试样溶剂，按"表面活性剂和洗涤剂含水量的测定"测定上层试样和下层试样中的水分含量。

2. 方法B（96h试验）

该方法中除了将在烘箱内放置时间改为96h外，其余步骤同48h试验。

五、精密度

本测定方法的精密度取决于乳液的稳定性。

1. Ⅰ型（稳定乳液）（方法A和B）

（1）重复性　两次连续测定的结果之差超过表2-4数值的概率不大于1/20。

（2）再现性　两次单独测定的结果之差超过表2-4数量的概率不大于1/20。

表2-4　Ⅰ型乳液的重复性和再现性

项　目	游离油/%	游离水/%	上层与下层试样水含量之差/%
重复性	1	1	10
再现性	3	1	14

2. Ⅱ型（高度不稳定乳液）

关于96h试验精密度的限度与Ⅰ型乳液数量级相同。

3. Ⅲ型（稳定性两可乳液）

无法制定精密度的限度。

第八节　阴离子表面活性剂水中溶解度的测定

一、测定原理

对已知浓度的阴离子表面活性剂水溶液进行试验温度范围的预测定，加热时溶液由浊变清，冷却时由清变浊。将相同浓度的两份溶液（一份溶液较冷显浊，另一份溶液较热显清）置于水浴中。该水浴温度控制在预测定时确立的温度范围内。记下在温度平衡时两份溶液的外观。

重复试验，在预测定的温度范围内改变水浴温度，直至清液仍清、浊液仍浊或溶液很慢地由浊变清，或由清变浊。

由表面活性剂的浓度和溶解度的极限温度绘制溶解度曲线。本方法适用于纯表面活性剂，也适用于工业产品和液体阴离子表面活性剂的复配制品（只要这些产品溶液清澈透明，色泽不太深）。

用纯产品得到的溶解度曲线可以用来测定克拉夫特（Krafft）温度。

二、试剂

蒸馏水或纯度与蒸馏水相当的水。

三、仪器

① 普通实验室仪器；

② 试管　直径 20mm，长 200mm；

③ 精密温度计　分度为 0.1℃；

④ 恒温水浴　0～90℃，能控制在±0.1℃，并带有透明池。

四、试样及制备

按“表面活性剂和洗涤剂粉状样品分样法”制备和贮存阴离子表面活性剂的实验室样品。称取试样，其量相当于待测表面活性剂的某一含量（质量分数 w 通常为 1%～50%），精确至 0.01g，配成约 100mL 溶液。

若溶液含有杂质，可将其加热至高于变浊温度后过滤。该过程不应引起表面活性剂浓度的任何变化。

五、操作步骤

1. 预测定

将试样溶液直接加热，使溶液变清，取约 10mL 该溶液，倒入试管中，并缓慢冷却至溶液变浊，然后再缓慢升温，同时搅拌溶液。待溶液一变清，立即记下此刻温度（t_1）。再缓慢冷却之，同时搅拌溶液，待溶液一变浊，立即记下温度（t_2）。

t_1 与 t_2 之间即为预测定温度范围，一般在 10℃左右。

2. 溶解度极限温度的测定

将恒温水浴的温度设定在预测定温度范围内。保持恒温，精确至±0.1℃。

将试样溶液充满两个试管，塞上管塞，分别加热及冷却，使其中一个试管中的溶液变清，另一个试管中的溶液变浊。然后将两个试管放入恒温水浴中。

当两份溶液的温度和水浴温度相同时，记下两份溶液是清还是浊。

若两溶液均清，则降低水浴温度；若两溶液均浊，则稍升温。重复上述试验，调整水浴温度，直到溶液的外观变化（由浊变清或由清变浊）非常缓慢，或清液仍保持清、浊液仍保持浊。采用的最长观测时间为 2～3h。

记下上述情况发生时的温度，精确至 0.1℃，即为溶解度极限温度，若溶液外观保持不变，则取刚低于两份溶液均保持浊时的温度。

3. 绘制溶解度曲线

根据设定的浓度范围，称取不同量的试样，分别测定其溶解度极限温度。绘制以浓度和相应溶解度极限温度为函数关系的溶解度曲线。

由此曲线可以推断表面活性剂在给定温度下的溶解度。

若需要，可测定其克拉夫特温度。

六、结果表述

在给定温度下，阴离子表面活性剂在水中溶解度以质量分数表示。

习　题

1. 什么是表面活性剂？
2. 表面活性剂具有什么结构特点？
3. 表面活性剂如何进行分类？
4. 什么是表面活性剂的亲水-亲油平衡值（HLB)？
5. 什么叫做表面活性剂的 cmc？
6. 什么是表面活性剂的碘值？其测定原理是什么？
7. 如何对表面活性剂中、高黏度乳液的特性测试及其乳化能力进行评定？
8. 电导法测定表面活性剂临界胶团浓度的原理是什么？
9. 电导法测定临界胶团浓度时，怎么进行数据处理？
10. 表面活性剂乳化力测定时要注意些什么？如何进行计算？
11. 测定表面活性剂溶液的 cmc 有哪些方法？
12. 什么是乳化能力？乳液测定包含哪些内容？
13. 乳化能力如何进行评定？
14. 试述乙氧基化醇和烷基酚硫酸盐活性物质总含量的测定原理。
15. 烘箱法测定油包水乳液贮藏稳定性的原理是什么？有哪两种测试标准？
16. 如何测定阴离子表面活性剂在水中的溶解度？
17. 克拉夫特（Krafft）温度是指什么温度？

第三章　医药、农药分析

学习目标

1. 掌握医药和农药的基本知识。
2. 了解分析的主要任务及分析检验工作的基本程序。
3. 掌握质量及质量标准的相关知识。
4. 了解现代分析方法和技术的发展趋势。
5. 掌握医药和农药测定的原理及操作。

第一节　概　　述

医药和农药都是重要的精细化学品，与人民的日常生活有着十分密切的关系，对其进行分析，是保证质量和安全、合理使用的基础。

我国既是一个人口大国，又是一个农业大国，对医药和农药需求量十分巨大，只有严格控制和不断提高医药和农药的质量，使医药和农药的使用更加安全、合理、有效，才能保证人民的身体健康和生命安全。

医药和农药同属于精细化学品，在分析方法、分析手段、分析任务等方面有其相似性。医药和农药分析是研究其组成、理化性质、真伪鉴别、纯度检查和有效成分含量测定的分析技术。

一、基本知识

医药是人们在日常生活中对药物（drug）的习惯说法，它是指用于防病、治疗、诊断疾病、改善体质、增强机体抵抗力并能规定有适应证、用法和用量的物质。包括中药材、中药饮片、中成药、化学原料及其制剂、抗生素、生化药品、放射性药品、血清疫苗、血液制品和诊断药品等。药物的研究在我国已有几千年历史，《神农本草经》是我国最早的一部药学著作，该书共收载药物 365 种，其中大部分药物至今仍广为应用。唐代（公元 659 年）的《新修本草》收载药物 844 种，是世界上第一部由政府颁布的药典，比西方的纽伦堡药典早 883 年。明代（公元 1594 年）李时珍的巨著《本草纲目》共 52 卷，收载药物 1892 种。

农药（pesticide）是指防治农作物病害、虫害、草害、鼠害和调节植物生长的药剂。自从 1942 年人工合成了第一种有机农药 2,4-滴后，人类相继开发了大量有机农药品种［例如：1974 年合成了俗称滴滴涕（DDT）的化合物］，并且其应用范围不断扩大。农药的使用不仅避免了各种有害生物对农作物的危害，而且促进了作物的生长，提高了农作物的质量。

医药和农药分析主要采用的方法有：物理方法、化学方法、物理化学方法和生物化学方法等。

二、分析的主要任务

1. 对质量进行检验分析

医药和农药是特殊的商品，为了确保其质量，必须严格按照国家规定的质量标准进行严格的分析检验，对其质量做出真伪与优劣的判断，以确保安全、合理、有效地使用。

2. 对生产过程进行质量控制

为了确保医药和农药质量，必须对其生产的全面过程进行质量控制。因此应积极开展从原料、半成品到成品的生产全过程的质量分析检验工作，不断改进生产工艺，提高产品质量，提高质量的科学管理水平，以保证为社会提供优质的产品。

3. 对贮存过程的质量进行监督与控制

医药和农药分析工作应与供应部门密切协作，对其贮存过程的质量进行观察、检测与养护，以便采取科学合理的贮藏条件和管理办法，确保其使用效果与安全。

4. 对使用效果进行分析

医药和农药质量的优劣和使用是否合理，直接影响其使用效果，为了保证合理使用，对医药要进行临床分析，对农药要进行最佳使用量、使用浓度以及残留量分析。

三、质量和质量标准

医药和农药质量直接关系到人民健康和生命财产安全，因此，只有质量合格的产品才能使用。每一个分析工作者必须牢固树立质量第一的观点，严把质量关。

1. 质量

评价医药和农药的质量应从以下两方面考虑。

(1) 使用效果　合格的医药应有肯定的疗效、尽量小的毒性和副作用；医药疗效越显著，毒性和副作用越小，其质量就越好。

合格的农药应有明显的使用效果，其毒性和残留量满足国家标准或行业标准的要求；高质量的农药应具有高效低毒且不会给环境造成污染等特点。

(2) 纯度　纯度是指纯净程度，有害杂质及无效成分的含量越低，纯度就越高。医药的纯度和化学试剂的纯度在要求上不同，前者主要从用药安全、有效以及对医药的稳定性的影响等方面考虑，后者是从杂质可能引起的化学变化对使用的影响以及试剂的使用范围和使用目的来规定的，并不考虑杂质对生物体的生理作用及毒副作用。医药只有合格品与不合格品，而一般化学试剂分为四个等级（基准试剂、优级纯、分析纯及化学纯）。由于医药的纯度会影响其疗效和毒副作用，故必须达到一定的纯度标准，才能安全有效地使用。农药也必须达到一定的纯度，才能保证其使用效果。

2. 质量标准

质量标准是国际、地区、国家、行业或企业对产品的技术指标和检验方法标准化的合理规定，要经过标准管理部门批准并颁布实施，具有合法性和普遍性，通常作为生产企业与用户之间购销合同的组成部分，也是法定质量监督检验机构对市场上流通的商产品进行质量抽检的依据，以及发生质量纠纷时仲裁机构进行质量裁决的依据。对保证产品质量、促进生产和管理、确保安全有效地使用均有极其重要的作用。质量标准按其等级可分为国际标准、地区标准、国家标准、行业标准和企业标准。

我国现行的医药质量标准为国家药品标准，其标准有以下两种。

(1)《中华人民共和国药典》　简称《中国药典》，是由国家药典委员会编纂，经国家药品监督管理局批准颁布实施的，是我国记载药品质量标准的国家法典，是对药品质量要求的准则，具有全国的法律约束力。

(2) 国家药品监督管理局颁布的药品标准　简称《局颁标准》，也具有全国性的法律约束力。

除国家药品标准外，目前尚有地方标准，地方标准在辖区内具有法律约束力。根据药品质量标准来判断，药品只有合格和不合格两种，不合格的药品不得生产、不得销售、不得使用，否则都是违法的。

农药标准按其等级和适用范围分为国际标准和国家标准。国际标准又有联合国粮食与农业组织（FAO）标准和世界卫生组织（WHO）标准两种。国家标准由各国自行制定。我国的农药标准分为三级：国家标准、行业标准（部颁标准）和企业标准。国家标准为国内最高标准。

第二节　医药中杂质的检验

医药的纯度是指医药的纯净程度。纯度主要是针对杂质而言的，杂质检验也称为纯度检验。医药在生产和贮存过程中，都不可避免地会引入杂质。医药中的杂质一般没有治疗作用，有的会影响医药的疗效和稳定性，有的甚至对人的健康有害。因此，检查医药的杂质和控制医药的纯度是保证医药质量，确保用药安全、有效的重要措施。

一、医药杂质的检验方法

医药中杂质的检验一般不要求测定其含量，而只检验杂质的量是否超过限量。医药的杂质检验按照操作方法的不同，有以下三种方法。

1. 对照法

对照法是指取一定量待检杂质的对照物质配成对照液，另取一定量供试品配成供试品溶液，在相同条件下处理后，比较反应结果（比色或比浊），从而判断供试品中所含杂质是否超过限量。使用本法检验医药的杂质，需遵循平行原则。供试液和对照液应在完全相同的条件下反应，如加入的试剂、反应的温度、放置的时间等均应相同。该法的检验结果只能判定医药所含杂质是否符合限量规定，一般不能测定杂质的准确含量。杂质限量（L）可用式(3-1)计算：

$$L=\frac{Vc}{m}\times 100\% \tag{3-1}$$

式中　L——杂质限量；

V——标准溶液的体积；

c——标准溶液的浓度；

m——供试品量。

【例 3-1】　对乙酰氨基酚中氯化物的检验：取供试品 2.0g，加蒸馏水 100mL，加热溶解后，冷却、过滤，取滤液 25mL，依法检验（中国药典 1995 版附录Ⅷ A），与标准氯化钠溶液 5.0mL（1mL 相当于 10μg 氯）制成的对照液比较，浊度不得更大。问氯化物限量为多少？

解　氯化物限量 L 为：

$$L=\frac{Vc}{m}\times 100\%=\frac{5\times 10}{2\times 1000000\times \frac{25}{100}}\times 100\%=0.01\%$$

2. 灵敏度法

灵敏度法是指在供试品溶液中加入试剂，在一定反应条件下，不得有反应出现，从而判断供试品所含杂质是否符合规定。如溴钠中碘化物的检验：取供试品 0.5g，加水 10mL 溶解后，加氯化钛溶液数滴与氯仿 1mL，振摇，静置分层，氯仿层不得显紫色。本法的特点是以检测条件下的灵敏度来控制杂质限量，不需要对照物质。

3. 比较法

比较法是指取供试品一定量依法检验，测得待检杂质的吸光度，与规定的限量比较，不得更大。如盐酸去氧肾上腺素中酮体的检验：取供试品，加蒸馏水制成每毫升含 2.0mg 的溶液，以蒸馏水为空白，在 310nm 的波长处测定吸光度，不得大于 0.02。本法的特点是准确测定杂质的吸光度并与规定限量比较，不需要对照物质。

医药中的杂质根据性质及危害性的不同，限量要求也不一样，对危害人体健康、影响医药稳定性的杂质，必须严格控制其限量，如砷盐、重金属等，有些杂质虽本身一般无害，但其含量的多少可以反映出医药的纯度水平，这类杂质含量过多，表明医药的纯度差。

二、一般杂质的检验

一般杂质是指在自然界中分布较广、多数医药的生产和贮存过程中容易引入的杂质，如氯化物、硫酸盐、铁盐、重金属、硫化物、酸、碱、水分等。一般杂质检验应注意：遵循平行操作原则；正确取样及供试品的称量范围；正确比浊、比色以及检验结果不符合规定或限度边缘时，应对供试品和对照品各复查两份等。

1. 氯化物的检验

氯化物广泛存在于自然界中，在医药的生产过程中极易引入。少量的氯化物虽对人体无害，但它的量可以反映出医药的纯净程度及生产过程是否正常，因此，控制氯化物的量有其特殊的意义。

(1) 检验原理　利用氯化物在硝酸（酸性）条件下与硝酸银试液作用，生成氯化银白色浑浊，与一定量标准氯化钠溶液在相同条件下生成的氯化银浑浊比较，以判断供试品中的氯化物是否超过了限量。

$$Cl^- + Ag^+ \longrightarrow AgCl\downarrow \tag{3-2}$$

(2) 仪器

① 纳氏比色管　50mL；

② 量筒　50mL；

③ 玻璃漏斗；

④ 吸量管　5mL。

(3) 试剂

① 硝酸溶液　10%（质量分数）；

② 硝酸银溶液　0.1mol/L；

③ 标准氯化钠溶液　每毫升含 10μg 氯。

(4) 检验方法　准确称取规定量的供试品，加蒸馏水使溶解成 25mL（溶液如显碱性，可滴加硝酸使成中性），再加稀硝酸 10mL；溶液如不澄清应过滤；置 50mL 纳氏比色管中，加蒸馏水使成约 40mL，摇匀，即得供试溶液。另取标准氯化钠溶液（每毫升含 10μg 氯）5.00mL，置 50mL 纳氏比色管中，加稀硝酸 10mL，加蒸馏水使成约 40mL，摇匀，得对照溶液。于供试溶液及对照溶液中，分别加入硝酸银试液 1.0mL，用蒸馏水稀释使成 50mL，摇匀，在暗处放置5min，比浊。

2. 硫酸盐的检验

硫酸盐广泛存在于医药中，是许多医药都需要进行检验的一种杂质。

(1) 检验原理　医药中微量的硫酸盐在稀盐酸（酸性）条件下与氯化钡反应，因生成硫酸钡而出现白色浑浊，与一定量的标准硫酸钾溶液在相同的条件下产生的硫酸钡的白色浑浊程度比较，判定供试品中硫酸盐是否符合限量。

$$SO_4^{2-} + Ba^{2+} \longrightarrow BaSO_4 \downarrow \quad (3\text{-}3)$$

(2) 仪器

① 纳氏比色管　50mL；

② 量筒　50mL；

③ 玻璃漏斗；

④ 吸量管　5mL。

(3) 试剂

① 盐酸溶液　2.5mol/L；

② 氯化钡溶液　25%（质量分数）；

③ 标准硫酸钾溶液　每毫升含100μg硫酸根。

(4) 检验方法（以氯化钠中硫酸盐检验为例）　取规定量的供试品（5.0g），加蒸馏水溶解使成约40mL（如溶液显碱性，可滴加盐酸使成中性）；溶液如不澄清，应过滤；置于50mL纳氏比色管中，加2mL稀盐酸，摇匀，即得供试液。另取各药品项下规定量的标准硫酸钾溶液（1.00mL），按照同样的方法制成对照液，于供试液与对照液中，分别加入25%氯化钡溶液25mL，用蒸馏水稀释至50mL，摇匀，放置10min，同置于黑色背景上，从比色管上方向下观察、比较。

标准硫酸钾溶液每毫升相当于100μg的SO_4^{2-}，本法适宜的比浊浓度范围为50mL溶液中含0.1～0.5mg的SO_4^{2-}，相当于标准硫酸钾溶液1～5mL。

加入盐可防止碳酸钡或磷酸钡等沉淀的生成，溶液的酸度对浊度有影响，本法以50mL供试液中含稀盐酸2mL为宜，溶液的pH约为1，酸度过高，会增大硫酸钡的溶解度，使反应灵敏度降低，应严格控制。

3. 铁的检验

医药中微量铁盐的存在会加速医药的氧化和降解，因此需要控制铁盐的限量（《中国药典》2000年版采用硫氰酸盐法检验）。

(1) 检验原理　铁盐在盐酸（酸性）溶液中与硫氰酸铵生成红色可溶性硫氰酸铁配离子，与一定量的标准铁溶液用同法处理后进行比色。

$$Fe^{3+} + nSCN^- \rightleftharpoons [Fe(SCN)_n]^{3-n} (n=1\sim6) \quad (3\text{-}4)$$

(2) 仪器

① 纳氏比色管　50mL；

② 量筒　5mL；

③ 吸量管　5mL。

(3) 试剂

① 盐酸溶液　2.5mol/L；

② 硫氰酸铵溶液　30%（质量分数）；

③ 标准铁溶液　每毫升含 10μg 铁；

④ 过硫酸铵。

(4) 检验方法（以氯化钠中铁盐检验为例）　取规定量的供试品（5.0g），加蒸馏水溶解使成约 25mL，移至 50mL 纳氏比色管中，加稀盐酸 4mL 与过硫酸铵 50mg，用蒸馏水稀释使成 35mL 后，加入 30% 的硫氰酸铵溶液 3mL，再加适量蒸馏水稀释成 50mL，摇匀，如显色，立即与对照溶液（标准铁溶液 1.5mL 置于 50mL 纳氏比色管中，加蒸馏水使成 25mL，加稀盐酸 4mL 与过硫酸铵 50mg，用蒸馏水稀释使成 35mL，加入 30% 的硫氰酸铵溶液 3mL，再加适量蒸馏水稀释成 50mL）比较；供试溶液管所显示颜色不得比对照溶液管呈现的颜色更深（0.0003%）。

用硫酸铁铵［$NH_4Fe(SO_4)_2 \cdot 12H_2O$］配制标准铁贮备液，并加入硫酸防止铁盐水解。标准铁溶液为临用前取贮备液稀释而成，每毫升标准铁溶液相当于 10μg 铁。

本法以 50mL 溶液中含 Fe^{3+} 10～50μg 为宜。测定中加入过硫酸铵可将供试品中可能存在的 Fe^{2+} 氧化成 Fe^{3+}，同时可以防止硫氰酸铁受光照还原或分解。

$$2Fe^{2+} + S_2O_8^{2-} \xrightarrow{H^+} 2Fe^{3+} + 3SO_4^{2-} \qquad (3\text{-}5)$$

4. 重金属检验

重金属是指在试验条件下能与硫代乙酰胺或硫化钠试液作用而显色的金属杂质，如银、铅、汞、铜、镉、铋、锑、锡、镍、锌等。重金属影响医药的稳定性及安全性。医药生产过程中遇到铅的机会较多，铅在人体内又易蓄积中毒，故检验重金属以铅为代表（试验条件主要指溶液的 pH）。

(1) 检验原理（硫代乙酰胺法）　硫代乙酰胺在酸性（pH 为 3.5 乙酸盐缓冲溶液）条件下水解，产生硫化氢，与微量重金属离子（以 Pb^{2+} 为代表）生成黄色到棕黑色的硫化物均匀混悬液，与一定量标准铅溶液经同法处理后所呈颜色比较。

$$CH_3CSNH_2 + H_2O \longrightarrow CH_3CONH_2 + H_2S \qquad (3\text{-}6)$$

$$Pb^{2+} + H_2S \longrightarrow PbS\downarrow + 2H^+ \qquad (3\text{-}7)$$

(2) 仪器

① 纳氏比色管　25mL；

② 量筒　5mL；

③ 吸量管　10mL；

④ 水浴装置。

(3) 试剂

① 乙酸盐缓冲溶液　pH=3.5。

② 硫代乙酰胺试液　取硫代乙酰胺 4g，加蒸馏水使成 100mL，置冰箱中保存。临用前取混合液（由 1mol/L 氢氧化钠溶液 15mL+蒸馏水 15mL+甘油 20mL）5.0mL，加上述硫代乙酰胺溶液 1.0mL，置于水浴上加热 20s，冷却，立即使用。

③ 标准铅溶液（每毫升含 10μg 铅）　准确称取硝酸铅 0.16g，置于 1000mL 容量瓶中，加硝酸 5mL 与蒸馏水 50mL 溶解后，用蒸馏水稀释至刻度，摇匀，作为贮备液。临用前准确移取贮备液 10.00mL，置于 100mL 容量瓶中，加蒸馏水稀释至刻度，摇匀，即得。

④ 硝酸。

(4) 检验方法（以氯化钠中铅的检验为例）　取 25mL 纳氏比色管两支，甲管中加标准铅溶液一定量（1.00mL）与乙酸盐缓冲溶液（pH＝3.5）2mL后，加蒸馏水或规定的溶剂稀释成25mL，乙管中加入试样5.0g，加蒸馏水适量溶解后，加入乙酸盐缓冲溶液（pH＝3.5）2mL，加蒸馏水或规定的溶剂稀释成25mL；若供试品溶液有色，可在甲管中滴加少量稀焦糖溶液或其他无干扰的有色溶液，使之与乙管颜色一致。再在甲乙两管中分别加硫代乙酰胺试液2mL，摇匀，放置2min，同置白纸上，自上向下透视，乙管中显出的颜色与甲管比较，不得更深（0.0002%）。

用硝酸铅配制标准铅贮备液，并加入硝酸防止铅盐水解，使易于保存。配制和贮存用的玻璃容器均不得含铅。

5. 水分测定

医药中水分的存在，可使医药发生水解、变霉等。《中国药典》2000年版采用卡尔·费休法测定医药中的水分。

（1）测定原理　碘氧化二氧化硫为三氧化硫时，需要一定量的水分参加反应，根据反应过程消耗碘的量，即可计算出水的含量。

$$I_2+SO_2+H_2O \longrightarrow 2HI+SO_3 \tag{3-8}$$

本法采用的标准溶液是卡尔·费休试液，是由碘、二氧化硫、吡啶和甲醇按一定比例组成的。由于上述反应是可逆的，为了使反应向右进行完全，加入无水吡啶定量地吸收HI和SO_3，形成氢碘酸吡啶和硫酸酐吡啶。

$$I_2+SO_2+3C_5H_5N+H_2O \rightleftharpoons 2C_5H_5N\cdot HI+C_5H_5N\cdot SO_3 \tag{3-9}$$

但生成的硫酸酐吡啶不够稳定，加入无水甲醇可使其转变成稳定的甲基硫酸氢吡啶。

$$C_5H_5N\cdot SO_3+CH_3OH \longrightarrow C_5H_5N\cdot HSO_4CH_3 \tag{3-10}$$

所以滴定的总反应为：

$$I_2+SO_2+3C_5H_5N+CH_3OH+H_2O \longrightarrow 2C_5H_5N\cdot HI+C_5H_5N\cdot HSO_4CH_3 \tag{3-11}$$

由滴定的总反应可知，吡啶和甲醇不仅参与滴定反应，而且还起溶剂作用。指示终点的方法有两种。

① 自身指示剂，即利用碘的颜色指示终点，终点前溶液为浅黄色，终点时为红棕色。

② 永停法确定终点　按永停滴定法操作，终点时电流计指针突然偏转，并持续数分钟不退回。

（2）仪器

① 自动滴定管　5mL；

② 具塞锥形瓶　50mL，干燥洁净；

③ 吸量管　5mL；

④ 量筒　100mL。

（3）试剂

① 碘；

② 甲醇；

③ 吡啶；

④ 卡尔·费休试液（每毫升相当于4.0mg左右水）　取甲醇670mL于干燥带塞的棕色瓶中，加入约85g碘，塞上瓶塞，振荡至碘全部溶解后，加270mL吡啶盖紧瓶塞再振荡至完全混溶。在温度低于20℃条件下，通入二氧化硫70g，盖紧瓶塞，混合均匀，放置24h后使用。

（4）测定方法

① 卡尔·费休试液滴定度的测定　取干燥的具塞锥形瓶，精确加入蒸馏水约30mg，加入无水甲醇2～5mL，用卡尔·费休试液滴定至溶液由浅黄变为红棕色；同时做空白试验，按式（3-12）计算卡尔·费休试液的滴定度：

$$T=\frac{m}{V-V_0} \tag{3-12}$$

式中　T——1mL卡尔·费休试液相当于水的质量，mg；

m——蒸馏水的质量，mg；

V——滴定时所消耗卡尔·费休试液的体积，mL；

V_0——空白试验所消耗卡尔·费休试液的体积，mL。

② 试样的测定　精确称取试样适量（约消耗卡尔·费休试液1～5mL），置于干燥具塞锥形瓶中，加溶剂甲醇2～5mL，在不断摇动下用卡尔·费休试液滴定至溶液由黄变为红棕色即为终点。

③ 同样条件下进行空白试验。

（5）测定结果计算　试样中水分含量按式（3-13）计算：

$$w(H_2O)=\frac{(V-V_0)T}{m}\times 100\% \tag{3-13}$$

式中　$w(H_2O)$——试样中水的质量分数，%；

T——1mL卡尔·费休试液相当于水的质量，mg；

m——试样的质量，mg；

V——滴定时所消耗卡尔·费休试液的体积，mL；

V_0——空白试验所消耗卡尔·费休试液的体积，mL。

卡尔·费休法不适用于氧化剂、还原剂以及能与试液反应生成水的化合物的测定。

【例3-2】　注射用青霉素钠水分测定：精确称取本品0.7540g，置于干燥的具塞锥形瓶中，加无水甲醇5mL充分振摇后，用卡尔·费休试液滴定至溶液由浅黄色变为红棕色，消耗卡尔·费休试液2.15mL；另取无水甲醇5mL，同法测定，消耗卡尔·费休试液0.15mL，求青霉素钠的含水量（已知1mL卡尔·费休试液相当于3.52mg的水）。

解　青霉素钠的含水量为：

$$w(H_2O)=\frac{(2.15-0.15)\times 3.52}{0.7540\times 1000}\times 100\%=0.93\%$$

6. 酸碱度检验

纯净医药的溶液或过饱和混悬液，其pH应较为恒定，进行酸碱度检验是保证医药质量的措施之一。《中国药典》2000年版用酸度、碱度、酸碱度和pH来控制医药中的酸碱性杂质。检验时采用碱液进行滴定或规定的pH小于7.0的称为“酸度”；采用酸液进行滴定或规定的pH大于7.0的称为“碱度”；检验时先后用酸液和碱液分别进行滴定或规定的pH范围包括7.0上下两侧的称为“酸碱度”。液体医药的酸碱度以pH表示。

检验时一般以新沸放冷的蒸馏水为溶剂，不溶于水的医药可以用中性乙醇等有机溶剂溶解。医药的酸碱度检验常采用以下三种方法。

（1）酸碱滴定法　在规定的指示剂条件下，用规定浓度的酸或碱滴定液滴定供试品溶液中碱性或酸性杂质，以消耗酸或碱滴定液的毫升数作为限度指示。如检验氯化钠的酸碱度：取供试品5.0g，加蒸馏水50mL溶解后，加溴麝香草酚蓝指示剂2滴，如显黄色（示为酸性），加氢氧化钠滴定液（0.02mol/L）0.10mL，应变为蓝色；如显蓝色或绿色（示为碱性）加盐酸滴定液（0.02mol/L）0.20mL，应变为黄色。以上操作方法，将氯化钠中所含酸性杂质的限量控制在 0.002mmol，即在 100g 氯化钠中允许存在的酸性杂质的限量为 0.04mmol；同理，每 100g 氯化钠允许碱性杂质的限量为 0.08mmol。

（2）指示剂法　此法是利用规定的指示剂的变色 pH 范围控制供试液中酸碱性杂质限量。如纯水的酸碱度检验：取供试品 10mL，加甲基红指示剂 2 滴，不得显红色（以控制其酸度）；另取 10mL，加溴麝香草酚蓝指示剂 5 滴，不得显蓝色（以控制其碱度），即纯水的酸碱度控制在 pH 为 4.2～7.6。

（3）pH 测定法　该法采用酸度计测定供试液的 pH，检验其酸碱性杂质是否符合限量规定，用酸度计直接测定溶液的 pH，准确度高。因此，对于酸碱度要求严格的注射液、供配制注射剂用的原料药以及酸碱度会影响其稳定性的医药，大多采用本法检验酸碱度。

第三节　医药的鉴别

医药真伪鉴别是医药分析的重要内容之一，在对医药进行分析时，首先要对医药的真伪进行鉴别，通过鉴别是真的，然后再进行杂质检验和有效成分含量的测定。

一、巴比妥类医药的鉴别

1. 鉴别原理

巴比妥类医药在碳酸水溶液中形成钠盐而溶解，再与硝酸银作用，首先生成可溶性的一银盐，继而生成不溶性的二银盐白色沉淀，沉淀能溶于氨水中。

$$\begin{array}{l} R^1R^2C\begin{cases}CO{-}NH\\ CO{-}N\end{cases}\!\!\!\!\!\!C{-}ONa + AgNO_3 \xrightarrow{Na_2CO_3} R^1R^2C\begin{cases}CO{-}N(Ag)\\ CO{-}N\end{cases}\!\!\!\!\!\!C{-}ONa + NaHCO_3 + NaNO_3 \end{array} \quad (3\text{-}14)$$

$$\begin{array}{l} R^1R^2C\begin{cases}CO{-}N(Ag)\\ CO{-}N\end{cases}\!\!\!\!\!\!C{-}ONa + AgNO_3 \longrightarrow R^1R^2C\begin{cases}CO{-}N(Ag)\\ CO{-}N(Ag)\end{cases}\!\!\!\!\!\!C{=}O\downarrow + NaNO_3 \end{array} \quad (3\text{-}15)$$

2. 鉴别方法

称取样品约 0.1g，加入 12%（质量分数）碳酸钠试液 1mL 与水 10mL，振摇 2min，过滤，滤液中逐滴加入 0.1mol/L 硝酸银试液，即生成白色沉淀，振摇沉淀即溶解；继续滴加过量的硝酸银试液，沉淀不再溶解。

二、芳酸类医药的鉴别

1. 鉴别原理（以阿司匹林的鉴别为例）

水杨酸及其盐在中性或弱酸性溶液中（pH 为 4～6），与氯化铁试液反应，生成紫堇色铁配位化合物。在强酸溶液中，配位化合物分解。

$$C_6H_4(COOH)(OCOCH_3) + H_2O \longrightarrow C_6H_4(COOH)(OH) + CH_3COOH \quad (3\text{-}16)$$

$$6\ \text{(邻羟基苯甲酸，COOH, OH)} + 4FeCl_3 \longrightarrow [(\text{(COO}^-\text{, O}^-\text{苯环)})_2Fe]_3Fe + 12HCl \quad \text{(3-17)}$$

（紫堇色）

2. 鉴别方法

称取阿司匹林试样约 0.1g，加入蒸馏水 10mL，煮沸，冷却至室温后，滴加 0.1mol/L 氯化铁试液 1 滴，即显紫堇色。

三、芳胺类医药的鉴别

1. 鉴别原理（以盐酸丁卡因的鉴别为例）

盐酸丁卡因溶于乙酸钠溶液后，加硫氰酸铵溶液，即析出结晶性的白色沉淀。此沉淀经过滤、洗涤、干燥后，测定熔点约为 131℃。

$$C_4H_9NH-C_6H_4-COOCH_2CH_2N(CH_3)_2 \cdot HCl + NH_4SCN \longrightarrow C_4H_9NH-C_6H_4-COOCH_2CH_2N(CH_3)_2 \cdot HSCN\downarrow + NH_4Cl \quad \text{(3-18)}$$

2. 鉴别方法

称取盐酸丁卡因试样约 0.1g，加入 5%（质量分数）乙酸钠溶液 10mL 溶解后，加 25%（质量分数）硫氰酸铵溶液 1mL，即析出白色结晶，过滤，结晶用蒸馏水洗涤，在 80℃干燥后，测定熔点，熔点约为 131℃。

四、磺胺类医药的鉴别

1. 鉴别原理

磺胺类医药磺酰氨基上的氢原子可被金属离子（银、铜、钴）取代，并生成不同颜色的难溶性的金属盐沉淀。其中与硫酸铜的反应常用于本类医药的鉴别。如磺胺甲噁唑的鉴别。

$$2H_2N-C_6H_4-SO_2NHR \xrightarrow{NaOH} 2H_2N-C_6H_4-SO_2N(Na)-R \quad \text{(3-19)}$$

$$2H_2N-C_6H_4-SO_2N(Na)-R + CuSO_4 \longrightarrow (H_2N-C_6H_4-SO_2N(R))_2Cu\downarrow + Na_2SO_4 \quad \text{(3-20)}$$

2. 鉴别方法

称取磺胺甲噁唑试样约 0.1g，加入蒸馏水与 0.4%（质量分数）氢氧化钠溶液各 1mL，振摇使溶解，过滤，取滤液，加 12%（质量分数）硫酸铜试液 1 滴，即生成草绿色沉淀。

五、杂环类医药的鉴别

1. 鉴别原理（以异烟肼鉴别为例）

异烟肼分子中的酰肼基具有还原性，可与托仑试剂反应生成异烟肼酸和单质银沉淀，肼基则被氧化。

$$C_5H_4N-CONHNH_2 + AgNO_3 + H_2O \xrightarrow{NH_3} C_5H_4N-COOAg\downarrow + NH_2-NH_2 + HNO_3 \quad \text{(3-21)}$$

$$NH_2-NH_2 + 4AgNO_3 \longrightarrow 4Ag + N_2\uparrow + 4HNO_3 \quad \text{(3-22)}$$

2. 鉴别方法

称取异烟肼试样约 10mg，置于试管中，加入蒸馏水 2mL 溶解后，加入 1mL 托仑试剂（取硝酸银 1g，加入 20mL 蒸馏水溶解后，滴加氨水，至生成的沉淀全部溶解，即得），即产生气泡与黑色浑浊，并在试管壁上生成银镜。

六、生物碱的鉴别

1. 鉴别原理（以黄嘌呤生物碱的鉴别为例）

黄嘌呤生物碱（如咖啡因、茶碱等）在盐酸（酸性）介质中与氯酸钾反应，在水浴上共热蒸干后，残渣遇氨气即生成紫色的四甲基紫脲酸铵，再加氢氧化钠溶液，紫色即消失。如咖啡因的鉴别。

2. 鉴别方法

称取咖啡因试样约 10mg，加入 1mol/L 盐酸 1mL 与 0.1g 氯酸钾，置于水浴上加热蒸干，遗留的浅红色的残渣遇氨气即变为紫色；再加 4%氢氧化钠溶液数滴，紫色即消失。

七、维生素类医药的鉴别

1. 鉴别原理（以维生素 C 的鉴别为例）

维生素 C 分子中有烯二醇的结构，具有极强的还原性，可被硝酸银氧化为去氢维生素 C，同时产生黑色的银沉淀。

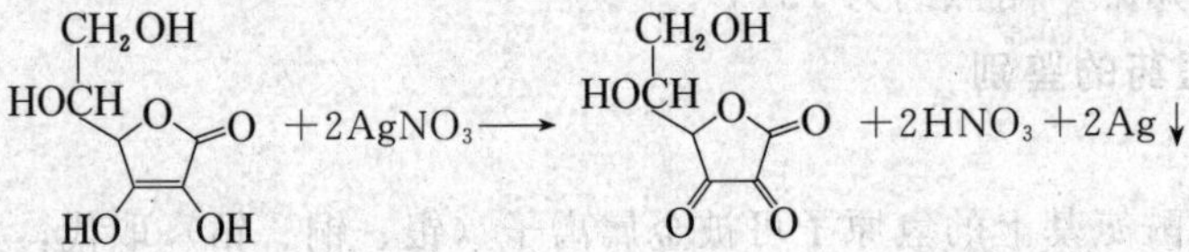

$$\underset{\text{HO}\quad\text{OH}}{\overset{\text{CH}_2\text{OH}}{\text{HOCH}}}\text{(O, =O)} + 2\text{AgNO}_3 \longrightarrow \underset{\text{O}\quad\text{O}}{\overset{\text{CH}_2\text{OH}}{\text{HOCH}}}\text{(O, =O)} + 2\text{HNO}_3 + 2\text{Ag}\downarrow \qquad (3\text{-}23)$$

2. 鉴别方法

称取维生素 C 试样约 0.2g，加入蒸馏水 10mL 溶解后，再加入 0.1mol/L 硝酸银试液 0.5mL，即生成银的黑色沉淀。

八、*β*-内酰胺类抗生素医药的鉴别

1. 鉴别原理

β-内酰胺类抗生素包括青霉素类和头孢菌素类，它们的化合物遇硫酸在冷时和加热时都无变化，而遇硫酸-甲醛试剂有较显著的颜色变化（表 3-1），可供鉴别。

表 3-1 青霉素和头孢菌素与硫酸-甲醛的呈色反应结果

试样名称	硫酸-甲醛（几分钟后）	硫酸-甲醛（100℃加热 1min）	试样名称	硫酸-甲醛（几分钟后）	硫酸-甲醛（100℃加热 1min）
羟氨苄西林	几乎无色	暗黄色	苯氧甲基西林	棕红色	暗红色
氨苄西林	几乎无色	暗黄色	普鲁卡因青霉素	几乎无色	棕红色
苄星青霉素	棕黄色	红棕色	头孢氨苄	淡黄色	黄色
苄青霉素钾(钠)盐	棕黄色	红棕色	头孢利定	红色	棕红色
双氯西林	淡黄绿色	淡黄色	头孢噻酚	红色	棕红色

2. 鉴别方法

称取试样约 20mg 置于试管中，用 1 滴蒸馏水润湿，加入 2mL 硫酸-甲醛试液（体积比 50∶1），摇匀，观察溶液颜色变化。将试管浸入沸水浴中 1min，再观察溶液变化。

九、甾体激素类医药的鉴别

1. 鉴别原理

甾体激素类医药中有许多能够与浓硫酸发生反应而呈现一定的颜色，用水稀释后，颜色会发生相应的变化，利用这些颜色的变化可对甾体激素类医药进行鉴别（表 3-2）。

表 3-2　一些甾体激素类医药与硫酸呈色、荧光及加水稀释后的现象

试样名称	呈现颜色	呈现荧光	加水稀释后的现象
地塞米松	淡红棕色	无	颜色消失
醋酸可的松	黄色（微带橙色）	无	颜色消失，溶液澄清
醋酸泼尼松	橙色	无	黄色渐变黄绿色
氢化可的松	棕黄色至红色	绿色	黄色至橙黄色
地塞米松磷酸钠	黄色或红棕色	无	黄色絮状沉淀

2. 鉴别方法

称取试样约 0.2g 置于试管中，用 1 滴蒸馏水润湿，加入 2mL 浓硫酸，摇匀，观察溶液颜色；向试管中加入 10mL 蒸馏水稀释后，再观察溶液变化。

十、糖类医药的鉴别

1. 鉴别原理

单糖或含有半缩醛基的双糖分子中均有醛基或酮基，具有还原性，可将斐林试剂中铜离子还原，生成红色的氧化亚铜沉淀，利用这一性质可鉴别糖类医药。

$$\begin{array}{c} H-C=O \\ | \\ H-C-OH \\ | \\ HO-C-H \\ | \\ H-C-OH \\ | \\ H-C-OH \\ | \\ CH_2OH \end{array} + 2Cu(OH)_2 + NaOH \longrightarrow \begin{array}{c} COOH \\ | \\ H-C-OH \\ | \\ HO-C-H \\ | \\ H-C-OH \\ | \\ H-C-OH \\ | \\ CH_2OH \end{array} + Cu_2O\downarrow + 3H_2O \qquad (3\text{-}24)$$

2. 鉴别方法

（1）葡萄糖的鉴别　称取葡萄糖试样约 0.2g，加入 5mL 蒸馏水溶解后，缓慢加入温热的斐林试剂，即生成红色氧化亚铜沉淀。

（2）蔗糖的鉴别　称取约 0.5g 蔗糖试样，加入 0.05mol/L 硫酸溶液 5mL，煮沸后，用 0.1mol/L 氢氧化钠溶液中和，再加入碱性酒石酸铜试剂，加热，即生成红色氧化亚铜沉淀。

十一、醇类医药的鉴别

1. 鉴别原理

碳原子数在 10 以下的醇类化合物能与硝酸铈铵试剂反应，生成红色配位化合物，利用这一性质可鉴别醇类医药。

$$ROH + (NH_4)_2Ce(NO_3)_6 \longrightarrow \underset{\text{(红色配合物)}}{(NH_4)_2Ce(OR)(NO_3)_5} + HNO_3 \qquad (3\text{-}25)$$

2. 鉴别方法

量取醇类试样约 1mL 置于小试管中，向其中滴加几滴 0.1mol/L 硝酸铈铵的硝酸溶液，即生成红色的配合物。

十二、酚类医药的鉴别

1. 鉴别原理

一元酚类化合物（如苯酚）能与氯化铁试液反应，生成有色的配位化合物，利用这一特殊性质，可对一元酚类医药进行鉴别。

$$6\,C_6H_5OH + FeCl_3 \longrightarrow H_3[Fe(C_6H_5O^-)_6] + 3HCl \qquad (3\text{-}26)$$

2. 鉴别方法（以苯酚的鉴别为例）

称取苯酚试样约 0.1g，加入 10mL 蒸馏水溶解，然后取出 5mL 溶液，加入氯化铁试液 1 滴，即显蓝紫色。

十三、醚类医药的鉴别

1. 鉴别原理（以盐酸苯海拉明的鉴别为例）

盐酸苯海拉明在酸性条件下易水解，生成难溶于水的二苯甲醇，在加热的条件下，二苯甲醇则呈油状物，冷却后凝固成白色蜡状固体。

$$(C_6H_5)_2CH-O-CH_2CH_2N(CH_3)_2\cdot HCl + H_2SO_4 + H_2O \longrightarrow$$

$$(C_6H_5)_2CH-OH\downarrow + HO-CH_2CH_2N(CH_3)_2\cdot H_2SO_4 + HCl \qquad (3\text{-}27)$$

2. 鉴别方法

称取盐酸苯海拉明试样 30mg，加入 1mL 蒸馏水溶解后，再加入 1mol/L 硫酸溶液 1mL，即出现白色乳浊；加热煮沸数分钟，析出油状物，冷却至室温，凝固成白色蜡状固体。

十四、醛类医药的鉴别

1. 鉴别原理（以乌洛托品的鉴别为例）

乌洛托品是甲醛与氨的缩合物，在酸中能分解产生甲醛和氨气；利用甲醛的还原性与托仑试剂（硝酸银氨溶液）发生银镜反应、氨气遇湿润的红色石蕊试纸变色反应，可加以鉴别。

$$(CH_2)_6N_4 + 6H_2O + 2H_2SO_4 \xrightarrow{\triangle} 6HCHO\uparrow + 2(NH_4)_2SO_4 \qquad (3\text{-}28)$$

$$(NH_4)_2SO_4 + 2NaOH \xrightarrow{\triangle} 2NH_3\uparrow + Na_2SO_4 + 2H_2O \qquad (3\text{-}29)$$

2. 鉴别方法

称取乌洛托品试样约 0.1g，加入 1mol/L 硫酸溶液 5mL 溶解后，加热，产生甲醛特殊臭味，能使硝酸银氨试纸显黑色；再加入过量的氢氧化钠溶液，产生氨气的刺激性气味，能使湿润的石蕊试纸变为蓝色。

十五、酮类医药的鉴别

1. 鉴别原理（以月桂草酮的鉴别为例）

月桂草酮与盐酸羟胺反应生成异羟肟酸，异羟肟酸可以与氯化铁发生反应，生成棕紫色的异羟肟酸铁，利用这一性质可以鉴别月桂草酮。

$$\underset{\substack{|\\ CH_2-(CH_2)_{10}-CH_3}}{\overset{}{\text{(N)}}}{=}O + NH_2OH \cdot HCl \longrightarrow \underset{\substack{|\\ CH_2-(CH_2)_{10}-CH_3}}{\text{(N)}}{=}N-OH + HCl + H_2O \quad (3\text{-}30)$$

$$3\ \underset{\substack{|\\ CH_2-(CH_2)_{10}-CH_3}}{\text{(N)}}{=}N-OH + FeCl_3 \longrightarrow Fe[\underset{\substack{|\\ CH_2-(CH_2)_{10}-CH_3}}{\text{(N)}}{=}N-O^-]_3 + 3HCl \quad (3\text{-}31)$$

（紫棕色）

2. 鉴别方法

量取月桂草酮约 2mL，加入 2mL 甲醇，加入 1mol/L 盐酸羟胺溶液（临用新配）1mL，再加氢氧化钾 1 小粒，置于水浴上加热 2～3min，然后冷却至室温，再滴加氯化铁试液（9g 氯化铁，加蒸馏水溶解成 100mL 溶液）1 滴，溶液显棕紫色。

第四节　医药有效成分含量的测定

医药有效成分含量的测定是医药分析的重要内容之一。它主要是运用化学、物理化学或生物化学的方法和技术，研究化学结构已经明确的合成医药或天然药物及其制剂的质量控制方法，从各个环节全面地控制和不断提高药品的质量，以保证人民用药安全、合理、有效。

一、巴比妥类医药的测定

巴比妥类医药是一类常见的镇静、催眠药，有抑制中枢神经的作用。常用的有巴比妥、苯巴比妥、异戊巴比妥、司可巴比妥等以及它们的钠盐。本类医药在使用过程中，因误服过量或有意过量服用而引起中毒者较为常见。

1. 测定原理（酸量法）

巴比妥类医药呈弱酸性，可视为一元酸，以麝香草酚酞为指示剂，用氢氧化钠标准溶液滴定，同时做空白试验，根据氢氧化钠标准溶液的消耗量，可计算出巴比妥类医药含量。

$$\begin{matrix} R^1 & & CO-NH & \\ & C & & CO \\ R^2 & & CO-NH & \end{matrix} + NaOH \longrightarrow \begin{matrix} R^1 & & CO-N & \\ & C & & C-ONa \\ R^2 & & CO-NH & \end{matrix} + H_2O \quad (3\text{-}32)$$

2. 仪器

① 滴定装置；

② 锥形瓶　250mL。

3. 试剂

(1) 氢氧化钠标准滴定溶液　0.1mol/L；

(2) 乙醇；

(3) 麝香草酚酞指示剂。

4. 测定方法（以异戊巴比妥为例）

准确称取异戊巴比妥（$C_{11}H_{18}N_2O_3$）试样约 0.5g（精确至 0.2mg），加乙醇 20mL 溶解后，加麝香草酚酞指示剂 6 滴，用 0.1mol/L 的氢氧化钠标准滴定溶液滴定至淡蓝色。同样条件下进行空白试验。

异戊巴比妥结构式为：

$$\begin{array}{l}(H_3C)_2CHCH_2CH_2 \quad\quad CO-NH \\ \quad\quad\quad\quad\quad\quad\quad \diagdown \quad \diagup \quad\quad\quad \diagdown \\ \quad\quad\quad\quad\quad\quad\quad\quad C \quad\quad\quad\quad\quad\quad CO \\ \quad\quad\quad\quad\quad\quad\quad \diagup \quad \diagdown \quad\quad\quad \diagup \\ \quad\quad\quad CH_3CH_2 \quad\quad CO-NH\end{array}$$

5. 测定结果计算

$$w(\text{异戊巴比妥})=\frac{c(V-V_0)M}{m\times 1000}\times 100\% \tag{3-33}$$

式中 w(异戊巴比妥)——试样中异戊巴比妥的质量分数，%；

c——氢氧化钠标准滴定溶液的浓度，mol/L；

V——试样测定消耗氢氧化钠标准滴定溶液的体积，mL；

V_0——空白测定消耗氢氧化钠标准滴定溶液的体积，mL；

m——试样质量，g；

M——异戊巴比妥的摩尔质量，g/mol。

二、芳酸类医药的测定

芳酸类医药包括芳酸及其酯类，以及芳酸盐等。根据它们的结构可分为水杨酸类、苯甲酸类和其他芳酸类。常见的有：阿司匹林、水杨酸钠、对氨基水杨酸钠等。本类医药具有以下性质：游离羧基呈酸性，可生成盐和酯，盐和酯可水解得到相应的芳酸。根据这些性质可进行含量测定，如阿司匹林含量的测定。

1. 测定原理（水解后剩余碱滴定法）

阿司匹林与过量的氢氧化钠标准溶液在加热条件下水解，水解反应完成后，剩余碱以酸标准溶液滴定，同时做空白试验，根据碱标准溶液和酸标准溶液的量可计算出阿司匹林的含量。

$$C_6H_4(COOH)(OCOCH_3) + 2NaOH \xrightarrow{\triangle} C_6H_4(COONa)(OH) + CH_3COONa + H_2O \tag{3-34}$$

$$2NaOH + H_2SO_4 \longrightarrow Na_2SO_4 + 2H_2O \tag{3-35}$$

2. 仪器

① 滴定装置；

② 锥形瓶　250mL；

③ 研钵；

④ 恒温水浴。

3. 试剂

① 氢氧化钠标准滴定溶液　0.1mol/L；

② 硫酸标准滴定溶液　0.05mol/L；

③ 酚酞指示剂；

④ 中性乙醇。

4. 测定方法

(1) 中和　准确称取约 0.3g（精确至 0.2mg）阿司匹林（$C_9H_8O_4$）片剂细粉，置于 250mL 锥形瓶中，加适量（20mL）中性乙醇，振摇使阿司匹林溶解，加 3 滴酚酞指示剂，用 0.1mol/L 氢氧化钠标准滴定溶液迅速滴定至粉红色，即将可能存在的游离酸全部中和。阿司匹林同时转变成钠盐，消耗的氢氧化钠标准滴定液的体积可以不计。其反应式为：

$$\text{C}_6\text{H}_4(\text{COOH})(\text{OCOCH}_3) + \text{NaOH} \longrightarrow \text{C}_6\text{H}_4(\text{COONa})(\text{OCOCH}_3) + \text{H}_2\text{O} \quad (3\text{-}36)$$

$$\text{C}_6\text{H}_4(\text{COOH})(\text{OH}) + \text{NaOH} \longrightarrow \text{C}_6\text{H}_4(\text{COONa})(\text{OH}) + \text{H}_2\text{O} \quad (3\text{-}37)$$

(2) 水解　在上述中和后的溶液中，准确加入过量的氢氧化钠标准滴定溶液（40.00mL），置水浴上加热 15min 并时时振摇，使乙酸羟基酯水解。迅速冷至室温，再用 0.05mol/L 硫酸标准滴定溶液滴定剩余的碱。

(3) 同样条件下进行空白试验

5. 测定结果计算

$$w(\text{阿司匹林})=\frac{(c_1V_1-2c_2V_2)M}{m\times1000}\times100\% \quad (3\text{-}38)$$

式中　w(阿司匹林)——试样中阿司匹林的质量分数，%；

c_1——氢氧化钠标准滴定溶液的浓度，mol/L；

V_1——氢氧化钠标准滴定溶液的体积，mL；

c_2——硫酸标准滴定溶液的浓度，mol/L；

V_2——硫酸标准滴定溶液的体积，mL；

m——试样的质量，g；

M——阿司匹林的摩尔质量，g/mol。

三、胺类医药的测定

胺类医药的种类较多，按其化学结构可分为：脂肪胺类、芳胺类、芳烃胺类、季铵盐和磺酰胺类医药等。可根据其官能团的特殊性质进行测定。以盐酸丁卡因的含量测定为例。

1. 测定原理

盐酸丁卡因是有机弱碱的盐酸盐，分子结构中有脂肪烃胺侧链—$N(CH_3)_2$，具有弱碱性，可用非水滴定法测定其含量。滴定时，以结晶紫为指示剂，用高氯酸标准滴定溶液进行滴定，滴定到溶液变蓝色为终点，根据高氯酸标准滴定溶液的用量，可以计算出盐酸丁卡因含量。

$$[\text{CH}_3(\text{CH}_2)_3\text{NH}-\text{C}_6\text{H}_4-\overset{\text{O}}{\overset{\|}{\text{C}}}-\text{OCH}_2\text{CH}_2\text{N}(\text{CH}_3)_2]\text{HCl}+\text{HClO}_4\longrightarrow$$

$$[\text{CH}_3(\text{CH}_2)_3\text{NH}-\text{C}_6\text{H}_4-\overset{\text{O}}{\overset{\|}{\text{C}}}-\text{OCH}_2\text{CH}_2\text{N}(\text{CH}_3)_2]\text{HClO}_4+\text{HCl} \quad (3\text{-}39)$$

2. 仪器

① 滴定装置；

② 锥形瓶　250mL；

③ 恒温水浴；

④ 量筒　25mL。

3. 试剂

① 冰醋酸；

② 醋酸酐；

③ 醋酸汞试液　15%醋酸汞的冰醋酸溶液；

④ 结晶紫指示剂；

⑤ 高氯酸标准滴定溶液　0.1mol/L。

4. 测定方法

准确称取盐酸丁卡因（$C_{15}H_{24}N_2O_2 \cdot HCl$）试样约 0.2g（精确至 0.2mg），置于 250mL 锥形瓶中，加冰醋酸 25mL 与醋酸酐 5mL 溶解后，加热回流 2min，冷至室温，加醋酸汞试液 5mL 与结晶紫指示液 1 滴，用 0.1mol/L 的高氯酸标准滴定溶液滴定至溶液显蓝色为终点。同样条件下进行空白试验。

5. 测定结果计算

$$w(\text{盐酸丁卡因})=\frac{c(V-V_0)M}{m\times 1000}\times 100\% \tag{3-40}$$

式中　w(盐酸丁卡因)——试样中盐酸丁卡因的质量分数，%；

c——高氯酸标准滴定溶液的浓度，mol/L；

V——试样测定消耗高氯酸标准滴定溶液的体积，mL；

V_0——空白消耗高氯酸标准滴定溶液的体积，mL；

m——试样的质量，g；

M——盐酸丁卡因的摩尔质量，g/mol。

6. 注意事项

① 为增强丁卡因的碱性，在冰醋酸中加入适量醋酸酐。因为醋酸酐解离产生的醋酸酐合乙酰阳离子比醋酸合质子的酸性还强，使滴定突跃敏锐。

$$2(CH_3CO)_2O \rightleftharpoons (CH_3CO)_3O^+ + CH_3COO^- \tag{3-41}$$

② 加醋酸汞溶液消除氢氯酸干扰。因品为盐酸盐，用高氯酸标准滴定液滴定时有氢氯酸生成，所以在滴前加入醋酸汞溶液，生成难解离的氯化汞，消除了氢氯酸的干扰。

四、磺胺类医药的测定

磺胺类医药是对氨基苯磺酰胺的衍生物，是一类用于治疗细菌性感染的化学合成药物。应用较广泛的磺胺类药物有：磺胺甲噁唑、磺胺嘧啶、磺胺异噁唑和磺胺醋酰钠。磺胺类医药的基本结构为：

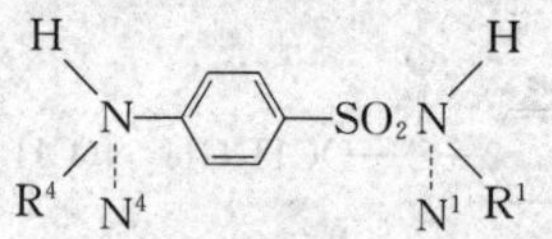

$$\underset{R^4\ \ N^4}{\overset{H}{N}}-C_6H_4-SO_2\underset{N^1\ \ R^1}{\overset{H}{N}}$$

通常规定磺酰胺上的氮为 N^1，芳氨基上的氮为 N^4，因为 N^1 或 N^4 上取代基的不同形成不同的磺胺药物。在此以 N^1 取代的衍生物为例进行测定。

1. 测定原理（亚硝酸钠滴定法）

分子结构中具有芳伯胺或经水解后具有芳伯胺的磺胺类药物，在盐酸（酸性）介质中可与亚硝酸钠发生重氮化反应，重氮化反应完成后，可用永停法指示终点。根据亚硝酸钠标准滴定溶液消耗量计算出磺胺类药物的含量。

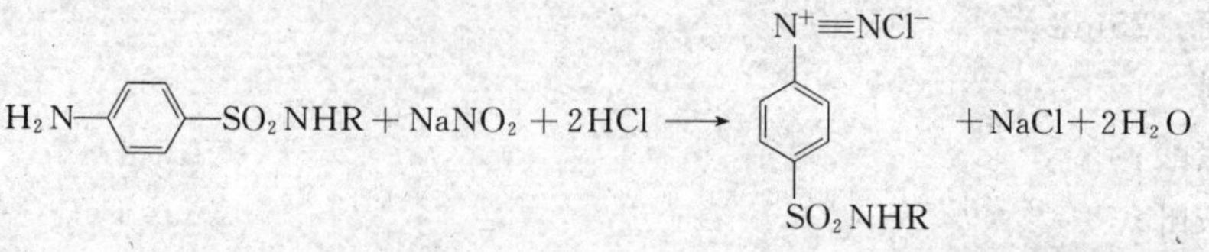

$$H_2N-C_6H_4-SO_2NHR + NaNO_2 + 2HCl \longrightarrow (N^+\equiv NCl^-)-C_6H_4-SO_2NHR + NaCl + 2H_2O \tag{3-42}$$

2. 仪器

① 永停测定终点装置；

② 磁力搅拌器；

③ 滴定装置；

④ 烧杯　100mL；

⑤ 量筒　50mL。

3. 试剂

① 盐酸溶液　6mol/L；

② 亚硝酸钠标准滴定溶液　0.1mol/L。

4. 测定方法（以磺胺甲噁唑为例）

准确称取磺胺甲噁唑（$C_{10}H_{11}N_3O_3S$）试样约 0.5g（精确至 0.2mg），置于 100mL 烧杯中，加入 6mol/L 盐酸溶液 25mL 溶解后，再加蒸馏水 25mL，按照永停法，用 0.1mol/L 的亚硝酸钠标准滴定溶液进行滴定至终点。

5. 测定结果计算

$$w(\text{磺胺甲噁唑})=\frac{cVM}{m\times 1000}\times 100\% \tag{3-43}$$

式中　w(磺胺甲噁唑)——试样中磺胺甲噁唑的含量，%；

c——亚硝酸钠标准滴定溶液的浓度，mol/L；

V——亚硝酸钠标准滴定溶液的体积，mL；

m——试样的质量，g；

M——磺胺甲噁唑的摩尔质量，g/mol。

五、杂环类医药的测定

碳环中夹杂非碳原子的环状有机化合物称为杂环化合物，其中非碳原子称为杂原子，一般为氧、氮、硫等。杂环类医药按其所具有的杂原子种类、数目、环的元数以及环数等的差异分为：呋喃类、吡唑酮类、吡啶类、哌啶类、咪唑类等。在此以抗结核医药异烟肼为例进行测定。异烟肼用于含量测定的主要官能团与性质是吡啶环的碱性和酰肼基的还原性以及与某些试剂缩合呈色的性质。测定常用的方法有溴酸钾法、溴量法、碘量法、紫外分光光度法、非水溶液滴定法和比色法等，现仅介绍溴酸钾法。

1. 测定原理（溴酸钾法）

异烟肼在强酸性介质中可被溴酸钾氧化为异烟酸和氮气，溴甲烷酸钾被还原为溴化钾。终点时微过量的溴酸钾可将甲基橙指示剂氧化，使粉红色消失而指示终点。根据溴酸钾标准滴定溶液的消耗量，可以计算出异烟肼的含量。

$$3\ \text{(4-}CONHNH_2\text{-pyridine)} + 2KBrO_3 \xrightarrow{HCl} 3\ \text{(4-}COOH\text{-pyridine)} + 3N_2\uparrow + 3H_2O + 2KBr \tag{3-44}$$

2. 仪器

① 恒温水浴；

② 测定装置；

③ 容量瓶　100mL；

④ 移液管　25mL；

⑤ 锥形瓶　250mL。

3. 试剂

① 盐酸溶液　0.1mol/L；

② 溴酸钾标准滴定溶液　0.01667mol/L；

③ 甲基橙指示剂。

4. 测定方法

准确称取异烟肼（$C_6H_7N_3O$）试样约0.2g（精确至0.2mg），置于100.00mL容量瓶中，加蒸馏水溶解并稀释至刻度，摇匀；准确移取25.00mL，置于250mL锥形瓶中，加蒸馏水50mL，加0.1mol/L盐酸溶液20mL与1滴甲基橙指示剂，温度保持在18～25℃，用0.01667mol/L溴酸钾标准滴定溶液缓缓滴定至粉红色消失。

5. 测定结果计算

$$w(\text{异烟肼})=\frac{cVM}{m\times 1000}\times 100\% \tag{3-45}$$

式中　w(异烟肼)——试样中异烟肼的含量，%；

c——溴酸钾标准滴定溶液的浓度，mol/L；

V——溴酸钾标准滴定溶液的体积，mL；

m——试样的质量，g；

M——异烟肼的摩尔质量，g/mol。

六、生物碱类医药的测定

生物碱是一类含氮的有机化合物，绝大多数存在于植物体内，大部分显碱性，故称生物碱。自从19世纪发现第一个生物碱——吗啡以来，目前已分离得到10000余种生物碱。近百种生物碱具有特殊而显著的生理活性，已广泛应用于临床。由于生物碱大多具有毒性，因此，临床应用需十分慎重，严格控制其质量。

生物碱类医药含量测定的方法很多，主要是利用其整个分子的碱性，根据碱性强弱的不同以及存在形式的溶解性而选用非水溶液滴定法、提取酸碱滴定法、酸性染料比色法、置换酸碱滴定法、紫外分光光度法等；也可利用分子中所含的氮原子，采用凯氏定氮法测定；近年来高效液相色谱法在生物碱含量测定中应用日趋广泛。在此以非水滴定法测定咖啡因含量为例来介绍生物碱的测定方法。

1. 测定原理

采用非水滴定法测定生物碱类医药时，除少数医药以游离生物碱的形式存在外，绝大多数为盐类。生物碱盐类可与高氯酸标准滴定溶液发生定量反应，反应完成后，微过量的高氯酸标准滴定溶液可使结晶紫变色，指示滴定终点。根据高氯酸标准滴定溶液的消耗量，可计算出生物碱的含量。

$$BH^+A^- + HClO_4 \longrightarrow BH^+ClO_4^- + HA \tag{3-46}$$

式中，BH^+A^-表示生物碱盐类；HA表示被置出的弱酸。

2. 仪器

① 滴定装置；

② 锥形瓶　250mL；

③ 电炉；

④ 量筒　25mL。

3. 试剂

① 醋酸酐；

② 冰醋酸；

③ 高氯酸钾标准滴定溶液　0.1mol/L；

④ 结晶紫指示剂。

4. 测定方法（以咖啡因测定为例）

准确称取咖啡因（$C_8H_{10}N_4O_2$）试样约0.15g（精确至0.2mg），置于250mL锥形瓶中，加醋酸酐-冰醋酸（5∶1）的混合液25mL，微热使其溶解，冷至室温，滴加结晶紫指示剂1滴，用0.1mol/L的高氯酸钾标准滴定溶液滴定至溶液显黄色。同样条件下进行空白试验（每毫升高氯酸钾标准滴定溶液相当于19.42mg的$C_8H_{10}N_4O_2$）。

5. 测定结果计算

$$w(\text{咖啡因})=\frac{c(V-V_0)M}{m\times 1000}\times 100\% \tag{3-47}$$

式中　w(咖啡因)——试样中咖啡因的含量，%；

c——高氯酸钾标准滴定溶液的浓度，mol/L；

V——试样测定消耗高氯酸钾标准滴定溶液的体积，mL；

V_0——空白测定消耗高氯酸钾标准滴定溶液的体积，mL；

m——试样的质量，g；

M——咖啡因的摩尔质量，g/mol。

七、维生素类医药的测定

维生素是维持人体正常代谢功能所必需的生物活性物质，一旦缺乏或吸收过量，都将破坏其在体内的有效平衡，引起机体的病理变化。维生素多为醇、酯、醛、胺或酸类等有机化合物，各自具有不同的理化性质和生理作用。根据维生素在油脂中和水中的溶解度不同可分为脂溶性和水溶性两大类。其中属于脂溶性的有维生素A、D、E和K等；水溶性的有维生素B族、烟酸、泛酸、叶酸及维生素C等。在此仅介绍碘量法测定维生素C（抗坏血酸）含量的方法。

1. 测定原理

在醋酸（硫酸）酸性介质中，维生素C（抗坏血酸）与碘标准滴定溶液发生定量反应，反应完成后，微量过量的碘标准滴定溶液使淀粉指示剂显蓝色，指示终点。根据碘标准滴定溶液的消耗量可计算出维生素C（抗坏血酸）的含量。

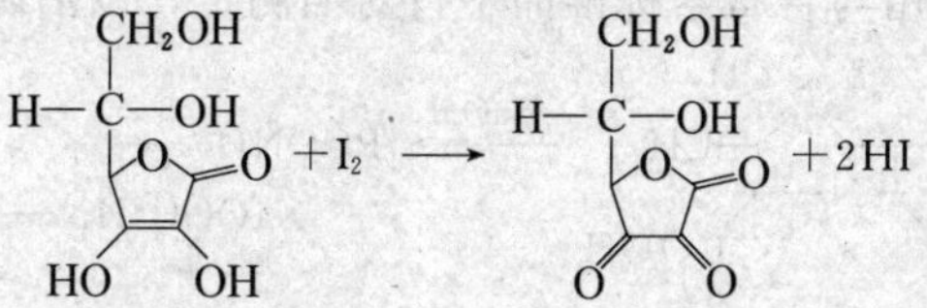

[反应式结构图：维生素C（CH₂OH、H—C—OH、内酯环含HO、OH烯二醇）$+I_2 \longrightarrow$ 脱氢抗坏血酸（CH₂OH、H—C—OH、内酯环含两个C=O）$+2HI$]　(3-48)

2. 仪器

① 滴定装置；

② 电炉；

③ 量筒　50mL；

④ 碘量瓶　250mL；

⑤ 烧杯　250mL。

3. 试剂

① 醋酸溶液　1mol/L；

② 碘化钾溶液　1mol/L；

③ 碘酸钾溶液　0.0167mol/L；

④ 淀粉指示剂。

4. 测定方法

准确称取维生素 C($C_6H_8O_6$) 试样约 0.2g（精确至 0.2mg），加入新煮沸并冷却至室温的纯水 100mL 与稀醋酸溶液 10mL 使其溶解，加入淀粉指示剂 1mL，立即用 0.1mol/L 的碘标准滴定溶液滴定，至溶液变蓝色，在 30s 内不褪色（每毫升 0.1mol/L 的碘标准滴定溶液相当于 8.806mg 的维生素 C）。

5. 测定结果计算

$$w(\text{维生素 C})=\frac{cV\times\frac{1}{2}M}{m\times1000}\times100\% \tag{3-49}$$

式中　w(维生素 C)——试样维生素 C 的含量，%；

c——碘标准滴定溶液的浓度，mol/L；

V——碘标准滴定溶液的体积，mL；

m——试样的质量，g；

M——维生素 C 的摩尔质量，g/mol。

八、抗生素类医药的测定

抗生素是一类防治疾病的重要医药，临床应用的抗生素主要由生物合成，经过发酵和提纯制得。由于生物合成的生产技术比较复杂，不易控制，因此异物污染的可能性较大，虽经过精制提纯，成品中仍不可避免含有杂质。又由于多数抗生素的性质不稳定，其分解产物常使疗效降低或失效，有时甚至引起毒副作用。抗生素类医药含量测定是常规检验项目之一，它可以确定有效成分的含量。目前各国药典收载的抗生素中，除青霉素、头孢菌素、氯霉素、四环素、灰黄霉素等采用化学法测定外，多数还是采用微生物检定法。在此以碘量法测定青霉素的含量为例介绍抗生素的化学测定方法。

1. 测定原理

青霉素类药物在碱性条件下定量水解，生成青霉素噻唑二钠；青霉素噻唑二钠在酸性条件下可以被碘氧化，根据碘的消耗量，可以计算出青霉素类药物的含量（青霉素噻唑二钠在酸性条件下与碘的氧化还原反应受温度、pH、时间等因素影响，因此在试验过程中必须严格控制反应条件，同时采用与青霉素标准品平行对照测定，以消除可变因素的影响）。

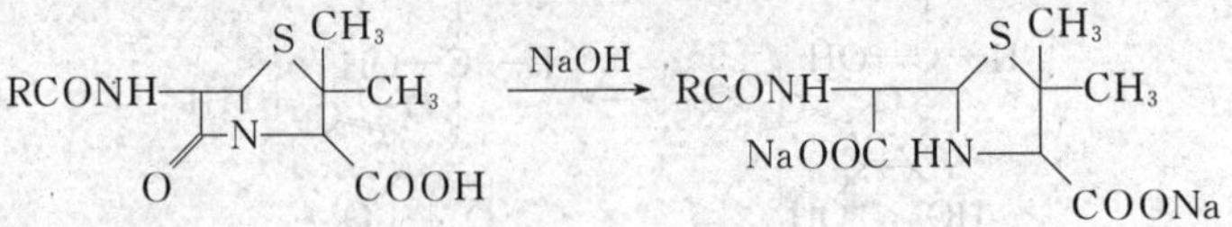

$$\text{RCONH—[β-内酰胺环(C=O, N)—噻唑环(S, CH}_3\text{, CH}_3\text{, COOH)]}\xrightarrow{NaOH}\text{RCONH—CH(COONa)—[噻唑烷环(S, HN, CH}_3\text{, CH}_3\text{, COONa)]} \tag{3-50}$$

$$\text{RCONH—CH(NaOOC)—[噻唑烷环(S, HN, CH}_3\text{, CH}_3\text{, COONa)]}+4I_2+5H_2O+2HCl\longrightarrow$$

$$\text{CH(COOH)}_2\text{—NHCOR}+\text{(CH}_3\text{)}_2\text{C(SO}_3\text{H)—CH(NH}_2\text{)—COOH}+2NaCl+8HI \tag{3-51}$$

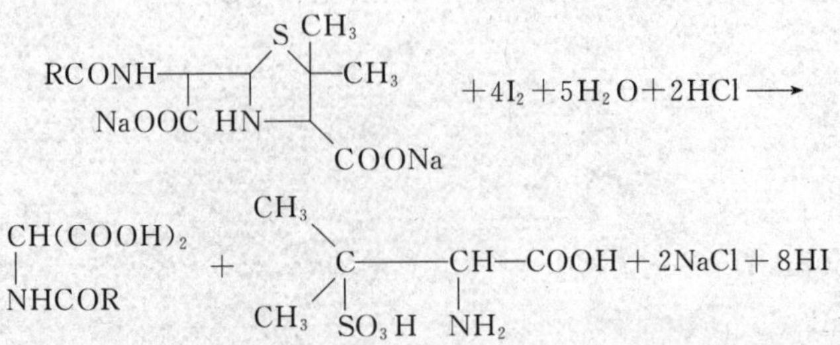

$$I_2 + 2Na_2S_2O_3 = 2NaI + Na_2S_4O_6 \tag{3-52}$$

2. 仪器

① 滴定装置；

② 移液管　5mL，15mL；

③ 碘量瓶　250mL；

④ 容量瓶　100mL。

3. 试剂

① 氢氧化钠溶液　1mol/L；

② 盐酸溶液　1mol/L；

③ 醋酸-醋酸钠缓冲溶液　pH＝4.5；

④ 碘标准滴定溶液　0.01mol/L；

⑤ 硫代硫酸钠标准滴定溶液　0.01mol/L；

⑥ 淀粉指示剂。

4. 测定方法（以普鲁卡因青霉素的测定为例）

准确称取青霉素试样（$C_{13}H_{20}N_2O_2 \cdot C_{16}H_{18}N_2O_4S \cdot H_2O$，注射用普鲁卡因青霉素，其相对分子质量为588.72）0.12g（精确至0.2mg），置于100mL容量瓶中，加纯水溶解并稀释至刻度，摇匀，即得供试液。准确移取供试液5.00mL，置于碘量瓶中，加入1mol/L氢氧化钠溶液1mL，放置20min，再加入1mol/L盐酸溶液1mL与醋酸-醋酸钠缓冲溶液（pH＝4.5）5mL，准确移取碘标准滴定溶液（0.01mol/L）15.00mL，塞紧瓶塞并摇匀，在20～25℃暗处放置20min，然后用硫代硫酸钠标准滴定溶液（0.01mol/L）滴定，至近终点时加1mL淀粉指示液，继续滴定并强力振摇，至蓝色消失。另准确移取供试液5.00mL，置于碘量瓶中，加入醋酸-醋酸钠缓冲溶液（pH＝4.5）5mL，准确移取碘标准滴定溶液（0.01mol/L）15.00mL，塞紧瓶塞并摇匀，在20～25℃暗处放置20min，用硫代硫酸钠标准滴定溶液（0.01mol/L）滴定，至近终点时加1mL淀粉指示液，继续滴定并强力振摇，至蓝色消失，作为空白。同时用已知含量的青霉素对照品按同法测定做对照试验，计算出青霉素试样的含量。

5. 测定结果计算

$$w_1(\text{普鲁卡因青霉素}) = \frac{c(V_0 - V) \times \frac{1}{8}M}{m_s \times \frac{5.00}{100.00} \times 1000} \times 100\% \tag{3-53}$$

$$w_2(\text{普鲁卡因青霉素}) = w_1(\text{普鲁卡因青霉素}) \times \frac{\text{对照品已知含量}}{\text{对照品测定含量}} \tag{3-54}$$

式中　w_1(普鲁卡因青霉素)——试样测得的普鲁卡因青霉素的质量分数，%；

w_2(普鲁卡因青霉素)——试样中普鲁卡因青霉素实际的质量分数，%；

c——硫代硫酸钠标准滴定溶液浓度，mol/L；

V_0——测定空白消耗硫代硫酸钠标准滴定溶液的体积，mL；

V——测定试样消耗硫代硫酸钠标准滴定溶液的体积，mL；

M——普鲁卡因青霉素的摩尔质量，g/mol；

m_s——称取试样的质量，g。

6. 注意事项

从上述反应原理可知，碘（I）1mol与青霉素1/8mol、硫代硫酸钠1mol相当，但碘的实际消耗量随着反应条件如温度、加碘后放置时间、碘离子和碘的浓度、溶液的 pH、杂质存在的多少及碘的过量程度等因素有关，因此在测定时应严格控制操作条件。

碘量法是青霉素族的经典测定方法，应用范围广泛；头孢菌素族也可经碱水解，*p*-内酰胺开环后与碘发生氧化还原反应，根据消耗的碘量计算含量。

九、甾体激素类医药的测定

甾体激素类医药是指具有甾体结构的激素类医药，是临床上一类重要的医药，主要包括肾上腺皮质激素和性激素两大类。肾上腺皮质激素类药物用于临床的有醋酸可的松、氢化可的松、醋酸地塞米松、醋酸氟轻松等。性激素分为雄性激素、蛋白同化激素、雌性激素及孕激素等。

甾体激素类医药种类较多，有些为天然药物，有些为人工合成品。无论是天然的还是人工合成的甾体激素类医药，其基本骨架相同，均具有环戊烷并多氢菲母核。

甾体激素类医药含量测定的方法很多，常采用的方法有：滴定分析法、比色法、紫外分光光度法、荧光法、气相色谱法及高效液相色谱法等。在此以异烟肼比色法测定肾上腺皮质激素的含量为例，介绍甾体类激素含量的测定方法。

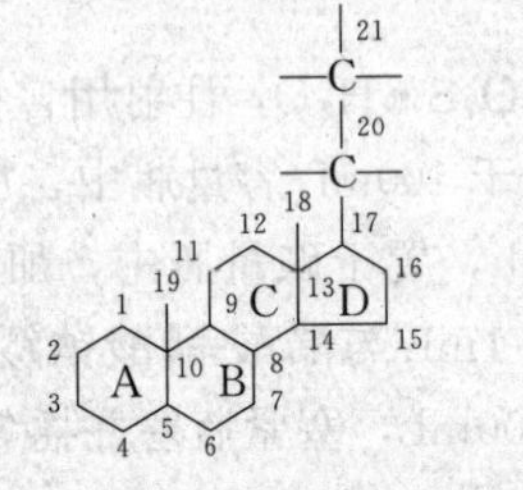
甾体类激素的基本骨架

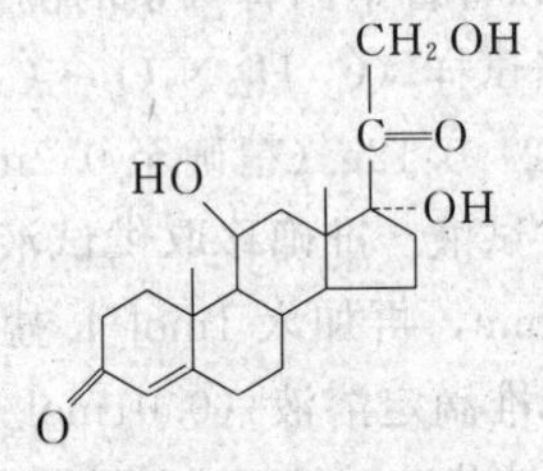
肾上腺皮质激素基本结构

1. 测定原理（异烟肼比色法）

甾体类激素医药 C^3-酮基及某些其他位置的酮基都能在酸性条件下与羰基试剂异烟肼缩合生成黄色异烟腙，在一定波长下具有最大吸收，因此，可用比色法测定甾体类激素医药的含量。

(3-55)

2. 仪器

① 容量瓶　50mL，100mL；

② 移液管　5mL，10mL；

③ 恒温水浴；

④ 玻璃过滤漏斗；

⑤ 量筒　10mL；

⑥ 具塞试管　25mL；

⑦ 烧杯　100mL；

⑧ 分光光度计。

3. 试剂

① 无水乙醇；

② 氯仿；

③ 异烟肼甲醇溶液　0.1%；

④ 盐酸溶液　0.0074mol/L。

4. 测定方法（醋酸地塞米松软膏的含量测定）

（1）对照溶液的制备　准确称取醋酸地塞米松对照品 25mg（精确至 0.2mg），置于 100mL 容量瓶中，加入无水乙醇适量使溶解并稀释至刻度，摇匀；准确移取 5.00mL，置于 50mL 容量瓶中，用无水乙醇稀释至刻度，摇匀，即得对照液。

（2）试样溶液的制备　准确称取醋酸地塞米松试样 2.5mg（精确至 0.1mg），置于烧杯中，加入无水乙醇约 25mL，置于水浴中加热，搅拌使醋酸地塞米松试样溶解，再置于冰水浴中冷却，过滤，滤液置于 100mL 容量瓶中，同法提取 3 次，滤液并入容量瓶中，用无水乙醇稀释至刻度，摇匀，即得试样溶液。

（3）测定　准确移取对照溶液和试样溶液各 10.00mL，分别置于具塞试管中，置水浴中蒸去乙醇，残渣中加入氯仿 10mL，振摇，使残渣溶解。各准确加入 0.1%异烟肼甲醇溶液（取异烟肼 0.5g，加盐酸溶液 0.63mL，加甲醇使溶解成 500mL）10.00mL，摇匀，置 55℃暗处保温 45min，取出，冷却至室温，用氯仿稀释至 25.00mL，摇匀，按照分光光度法，在 415nm 的波长处分别测定吸光度，计算，即得。

5. 测定结果计算

$$w(\text{醋酸地塞米松})=\frac{(A-A_b)m_sP}{(A_s-A_b)m} \tag{3-56}$$

式中　w(醋酸地塞米松)——试样中醋酸地塞米松质量分数，%；

A——在 281nm 处醋酸地塞米松试样吸光度；

A_s——在 281nm 处醋酸地塞米松对照品吸光度；

A_b——在 281nm 处空白吸光度；

m——醋酸地塞米松试样质量，g；

m_s——醋酸地塞米松对照品质量，g；

P——对照品中醋酸地塞米松的质量分数，%。

6. 讨论

异烟肼比色法测定甾体激素类医药的含量受到各种因素的影响，如溶剂、酸的种类和浓度、水分、温度、光线和氧、反应的专属性等方面的影响。在操作中应严格控制条件，才能获得满意的结果。

（1）溶剂的选择　无水乙醇或甲醇为溶剂均能得到满意的结果。试剂在甲醇中的稳定性与呈色强度均比在无水乙醇中高，但由于甲醇对制剂辅料植物油的溶解度较无水乙醇小，故一般多选用乙醇。

（2）酸的种类和浓度　一般使用盐酸，因当盐酸与异烟肼反应的物质的量比为 2∶1 时，可获得最大吸光度，上述操作中盐酸浓度为 0.0074mol/L。

（3）水分、温度、光线和氧　当反应液中含水量增加，缩合产物异烟腙将发生水解，从而吸光度降低。温度升高，反应速率加快。当在具塞试管中不致使溶剂挥发和吸收水分的情况下，光线与氧不影响反应。

（4）关于反应的专属性　具有 Δ^4-3-酮基的甾体激素类医药在室温不到 1h，即可定量地与酸性异烟肼反应。其他甾酮化合物需在长时间放置或加热后方反应完全，因此，本法对

Δ^4-3-酮基的甾体激素类医药具有一定的专属性。

十、糖类医药的测定

糖类医药包括单糖类的葡萄糖，双糖类的乳糖、蔗糖，多糖类的淀粉等。葡萄糖是人体能量的主要来源之一，乳糖、蔗糖、淀粉常用作医药制剂的赋形剂或矫味剂。葡萄糖注射液的含量测定常采用旋光法，在此以旋光法测定葡萄糖的含量为例学习糖类医药的测定方法。

1. 测定原理（旋光法）

葡萄糖的水溶液具有右旋性，由于葡萄糖在水中有三种互变异构体，故有变旋现象。需放置6h以上或加热、加酸、加弱碱，使变旋反应达到平衡。用旋光法测定葡萄糖含量时，常加入少量碱液（如氨试液）加速变旋作用，促进达到平衡。变旋反应达到平衡后，用旋光仪测定葡萄糖溶液的旋光度，根据旋光度可计算出葡萄糖的含量。变旋平衡反应式如下：

```
  H   OH                  H   O                 HO   H
   \ /                     \ //                   \ /
    C ─────┐                C                      C ─────┐
    |      |                |                      |      |
 H─C─OH    |             H─C─OH                 H─C─OH    |
    |      |                |                      |      |
HO─C─H     O  ⇌       HO─C─H        ⇌      HO─C─H      O        (3-57)
    |      |                |                      |      |
 H─C─OH    |             H─C─OH                 H─C─OH    |
    |      |                |                      |      |
 H─C ──────┘             H─C─OH                 H─C ──────┘
    |                       |                      |
   CH2OH                   CH2OH                  CH2OH
```

α-D-葡萄糖	醛式-D-葡萄糖	β-D-葡萄糖
$[\alpha]_D^{20}=+113.4°$	$[\alpha]_D^{20}=+52.75°$	$[\alpha]_D^{20}=+19.7°$
（占36%）	（占0.024%）	（占64%）

2. 仪器

① 旋光测定仪；

② 容量瓶　100mL；

③ 吸量管　2mL；

④ 旋光管　1dm。

3. 试剂

氨试液：取浓氨水400mL，加蒸馏水稀释至1000mL。

4. 测定方法

准确称取约相当于10g葡萄糖的葡萄糖注射液试样（精确至0.2mg），置于100mL容量瓶中，加入氨试液（取浓氨水400mL，加蒸馏水稀释至1000mL即得）0.20mL，用蒸馏水稀释至刻度，摇匀，静置10min，用旋光仪测定旋光度，与2.0852相乘，即得试样中含$C_6H_{12}O_6 \cdot H_2O$的质量（g）。

5. 测定结果计算

按上法测定的旋光度（α）与2.0852相乘，即得试样中含一分子结晶水葡萄糖（$C_6H_{12}O_6 \cdot H_2O$）的质量（g）。

计算因数2.0852的由来：已知$\alpha=1°$无水葡萄糖的$[\alpha]_D^{20}=+52.75°$，测定时旋光管的长度为1dm，则：

$$C=\frac{100\alpha}{[\alpha]_{D}^{20}L}=\frac{100\times1}{52.75\times1}=1.8957$$

即旋光度为1°时，相当于被测溶液每100mL中无水葡萄糖的质量（g）。

因此，C（无水葡萄糖）$=\alpha\times1.8957$。

再换算成含1分子结晶水葡萄糖的质量（g）：

$$\alpha\times1.8957\times\frac{C_6H_{12}O_6\cdot H_2O}{C_6H_{12}O_6}=1\times1.8957\times\frac{198.17}{180.16}=2.0852$$

2.0852则是当测定时采用长度为1dm的旋光管时，1°旋光度相当于待测溶液100mL中含$C_6H_{12}O_6\cdot H_2O$的质量（g）。

本法准确、简便，《中国药典》2000年版采用旋光法测定葡萄糖注射液、葡萄糖氯化钠注射液和莪术油葡萄糖注射液中葡萄糖的含量。

十一、醇类医药的测定

醇类医药主要指在结构中以醇羟基为代表基团的一类药物。根据羟基的数目和在结构中的相对位置，可分为一元醇和多元醇。在医药分析中，根据醇羟基可被氧化的特性，选择适当的氧化剂进行含量测定。本类医药在临床上应用较为广泛，如乙醇作消毒防腐剂或溶剂、甘露醇作利尿脱水药等。下面以高碘酸钠（钾）氧化法测定甘油含量为例介绍α-多羟醇的测定方法。

1. 测定原理（高碘酸钠氧化法）

甘油可被过量的高碘酸钠氧化，生成甲酸和甲醛，过量的高碘酸钠用乙二醇还原，以酚酞作指示剂，用氢氧化钠标准滴定溶液滴定生成的甲酸，终点为粉红色，在同样条件下进行空白试验，根据氢氧化钠标准滴定溶液的消耗量可计算出甘油的含量。

$$\begin{matrix}CH_2OH\\|\\CHOH\\|\\CH_2OH\end{matrix}+2NaIO_4\longrightarrow HCOOH+2HCHO+H_2O+2NaIO_3\qquad(3\text{-}58)$$

$$\begin{matrix}CH_2OH\\|\\CH_2OH\end{matrix}+NaIO_4\longrightarrow 2HCHO+H_2O+NaIO_3\qquad(3\text{-}59)$$

$$HCOOH+NaOH\longrightarrow HCOONa+H_2O\qquad(3\text{-}60)$$

2. 仪器

① 滴定装置；

② 锥形瓶　250mL；

③ 称液管　5mL，25mL。

3. 试剂

① 高碘酸钠溶液　2.14%（质量体积浓度）；

② 乙二醇溶液　50%（质量体积浓度）；

③ 氢氧化钠标准滴定溶液　0.1mol/L；

④ 酚酞指示剂。

4. 测定方法

准确称取甘油试样0.1g（精确至0.2mg），加蒸馏水45mL，混匀，准确移取2.14%（质量体积浓度）高碘酸钠溶液25.00mL，摇匀，暗处放置15min后，加入50%（质量体积浓度）乙二醇溶液5mL，摇匀，暗处放置20min，加入酚酞指示液0.5mL，用氢氧化钠标准滴定溶液（0.1mol/L）滴定至粉红色，即为终点。同样条件下做空白试验。

5. 测定结果计算

$$w(\text{甘油})=\frac{c(V-V_0)M}{m\times 1000}\times 100\% \qquad (3\text{-}61)$$

式中 w(甘油)——试样中甘油的质量分数，%；

c——氢氧化钠标准滴定溶液的浓度，mol/L；

V——试样测定所消耗氢氧化钠标准滴定溶液的体积，mL；

V_0——空白测定所消耗氢氧化钠标准滴定溶液的体积，mL；

M——甘油的摩尔质量，g/mol；

m——试样的质量，g。

十二、酚类医药的测定

酚类医药分子结构中具有酚羟基和苯环，表现出相似的化学性质，可供酚类医药含量的定性定量分析。酚类医药在临床上常用作消毒防腐药，如苯酚、甲酚（邻位、对位、间位三种异构体混合物）等。下面以溴量法测定苯酚含量为例介绍酚类医药的含量测定方法。

1. 测定原理（溴量法）

在酸性条件下，过量的溴标准滴定溶液与苯酚发生取代反应，取代反应完成后，过量的溴用碘化钾还原，析出的碘用淀粉溶液作指示液，以用硫代硫酸钠标准滴定溶液滴定，相同条件下做空白试验，根据硫代硫酸钠标准滴定溶液的消耗量，可计算出苯酚的含量。

$$BrO_3^- + 5Br^- + 6H^+ \longrightarrow 3Br_2 + 3H_2O \qquad (3\text{-}62)$$

$$C_6H_5OH + 3Br_2 \longrightarrow C_6H_2Br_3OH\downarrow + 3HBr \qquad (3\text{-}63)$$

（苯酚 → 2,4,6-三溴苯酚沉淀）

$$Br_2 + 2I^- \longrightarrow 2Br^- + I_2 \qquad (3\text{-}64)$$

$$I_2 + 2Na_2S_2O_3 \longrightarrow Na_2S_4O_6 + 2NaI \qquad (3\text{-}65)$$

2. 仪器

① 滴定装置；

② 容量瓶 500mL；

③ 移液管 25mL；

④ 碘量瓶 250mL；

⑤ 量筒 5mL，10mL；

⑥ 烧杯 100mL。

3. 试剂

① 盐酸溶液 1mol/L；

② 溴标准滴定溶液 0.1mol/L；

③ 硫代硫酸钠标准滴定溶液 0.1mol/L；

④ 淀粉指示剂。

4. 测定方法

准确称取苯酚试样 0.75g（精确至 0.2mg），置于 500mL 容量瓶中，加蒸馏水适量使其溶解并稀释至刻度，摇匀；准确移取 25.00mL，置于碘量瓶中，准确加入溴标准滴定溶液

(0.1mol/L) 30.00mL，再加盐酸 5mL，立即塞紧瓶塞，振摇 30min，静置 15min 后，注意微开瓶塞，加入碘化钾试液（取碘化钾 16.5g，加蒸馏水溶解成 100mL，即得）6mL，立即塞紧瓶塞，充分振摇后，加氯仿 1mL，摇匀，用硫代硫酸钠标准滴定溶液（0.1mol/L）滴定，至近终点，加淀粉指示液 1mL，继续滴定至蓝色消失。同样条件下进行空白试验。

5. 测定结果计算

$$w(\text{苯酚})=\frac{c(V_0-V)M\times\frac{1}{6}}{m\times1000}\times100\% \tag{3-66}$$

式中 w(苯酚)——试样中苯酚的质量分数，%；

c——硫代硫酸钠标准滴定溶液的浓度，mol/L；

V_0——空白测定消耗硫代硫酸钠标准滴定溶液的体积，mL；

V——试样测定消耗硫代硫酸钠标准滴定溶液的体积，mL；

M——苯酚的摩尔质量，g/mol；

m——试样的质量，g。

十三、醚类医药的测定

醚类医药由于醚键上的氧原子与两个烃基相连，分子极性较小，和许多试剂不发生反应，是比较稳定的一类化合物。但在一些特殊条件下能与强酸作用生成盐。醚类医药中有代表性的是抗组胺药盐酸苯海拉明和吸入麻醉药乙醚，在此仅介绍盐酸苯海拉明含量的测定方法。

1. 测定原理（非水溶液滴定法）

盐酸苯海拉明分子具有叔胺结构，显弱碱性，在冰醋酸和醋酸酐溶液中碱性增强，用高氯酸的冰醋酸标准滴定溶液滴定，以结晶紫为指示剂，滴定至溶液显蓝绿色，即为终点。根据高氯酸的冰醋酸标准滴定溶液的消耗量，可计算出盐酸苯海拉明的含量（测定前加入适量的醋酸汞试液，其目的是消除滴定反应中生成的氯化氢带来的干扰）。

$$(C_6H_5)_2CH—O—CH_2CH_2N(CH_3)_2\cdot HCl \xrightarrow[(CH_3CO)_2O]{CH_3COOH} (C_6H_5)_2CH—O—CH_2CH_2N(CH_3)_2\cdot CH_3COOH+HCl \tag{3-67}$$

$$2HCl+(CH_3CO)_2Hg \longrightarrow 2CH_3COOH+HgCl_2 \tag{3-68}$$

$$(C_6H_5)_2CH—O—CH_2CH_2N(CH_3)_2\cdot CH_3COOH+HClO_4 \longrightarrow (C_6H_5)_2CH—O—CH_2CH_2N(CH_3)_2\cdot HClO_4+CH_3COOH \tag{3-69}$$

2. 仪器

① 滴定装置；

② 锥形瓶 250mL；

③ 量筒 5mL，20mL。

3. 试剂

① 冰醋酸；

② 醋酸酐；

③ 高氯酸的冰醋酸标准滴定溶液　0.1mol/L；

④ 醋酸汞试液　15%醋酸汞的冰醋酸溶液；

⑤ 结晶紫指示剂。

4. 测定方法

准确称量盐酸苯海拉明试样约0.2g（精确至0.2mg），加入冰醋酸20mL与醋酸酐4mL溶解后，再加入醋酸汞试液4mL与结晶紫指示液1滴，用高氯酸的冰醋酸标准滴定溶液（0.1mol/L）滴定，至溶液显蓝绿色，即为终点。同样条件下进行空白试验。

5. 测定结果计算

$$w(\text{盐酸苯海拉明})=\frac{c(V-V_0)M}{m\times 1000}\times 100\% \tag{3-70}$$

式中　w(盐酸苯海拉明)——试样中盐酸苯海拉明的质量分数，%；

c——高氯酸的冰醋酸标准滴定溶液的浓度，mol/L；

V——试样测定所消耗高氯酸的冰醋酸标准滴定溶液的体积，mL；

V_0——空白测定所消耗高氯酸的冰醋酸标准滴定溶液的体积，mL；

M——盐酸苯海拉明的摩尔质量，g/mol；

m——盐酸苯海拉明试样的质量，g。

十四、醛类医药的测定

醛类医药是分子结构中具有醛基或能间接产生醛基的药物。如甲醛溶液、水合氯醛、乌洛托品等。在此仅介绍水合氯醛含量的测定方法。

1. 测定原理（剩余酸碱滴定法）

水合氯醛与过量的氢氧化钠标准滴定溶液作用，生成氯仿和甲酸钠，反应完成后，以酚酞作指示剂，用硫酸标准滴定溶液回滴剩余的氢氧化钠。

$$CCl_3CH(OH)_2+NaOH\longrightarrow CHCl_3+HCOONa+H_2O \tag{3-71}$$

$$2NaOH+H_2SO_4\longrightarrow Na_2SO_4+2H_2O \tag{3-72}$$

而反应中生成的氯仿与氢氧化钠作用，生成氯化钠和甲酸钠。

$$CHCl_3+4NaOH\longrightarrow 3NaCl+HCOONa+2H_2O \tag{3-73}$$

氯仿消耗氢氧化钠的量可以通过用银量法测定水解产物氯化钠来求得。即在剩余酸碱滴定法至终点后，再以铬酸钾为指示剂，用硝酸银标准滴定溶液滴定，根据硝酸银标准滴定溶液的消耗量，即可计算出氯仿消耗氢氧化钠的量。

$$NaCl+AgNO_3\longrightarrow NaNO_3+AgCl\downarrow \tag{3-74}$$

2. 仪器

① 滴定装置；

② 锥形瓶　250mL；

③ 量筒　10mL。

3. 试剂

① 氢氧化钠标准滴定溶液　1mol/L；

② 硫酸标准滴定溶液　0.5mol/L；

③ 硝酸银标准滴定溶液 0.1mol/L；

④ 酚酞指示剂；

⑤ 铬酸钾指示液。

4. 测定方法

准确称取水合氯醛试样 4g（精确至 0.2mg），置于 250mL 锥形瓶中，加蒸馏水 10mL 溶解后，再准确移取氢氧化钠标准滴定溶液（1mol/L）30.00mL，摇匀，静置 2min，加入 3 滴酚酞指示剂，用硫酸标准滴定溶液（0.5mol/L）滴定至红色消失；然后再加铬酸钾指示液 6 滴，用硝酸银标准滴定溶液（0.1mol/L）滴定，滴至溶液出现砖红色沉淀即为终点。

5. 测定结果计算

根据氯化钠消耗的硝酸银量，可推算出氯仿消耗氢氧化钠的体积 V_1'。

$$V_1' = \frac{4}{3} \times \frac{c_3 V_3}{c_1} \tag{3-75}$$

式中 c_1——氢氧化钠标准滴定溶液的浓度，mol/L；

c_3——硝酸银标准滴定溶液的浓度，mol/L；

V_3——滴定消耗的硝酸银标准滴定溶液的体积，mL；

V_1'——反应中生成的氯仿消耗的氢氧化钠标准滴定溶液的体积，mL。

试样中水合氯醛的含量可以通过下式进行计算：

$$w(\text{水合氯醛}) = \frac{\left[c_1(V_1 - V_1') - \frac{1}{2}c_2 V_2\right]M}{m \times 1000} \times 100\% \tag{3-76}$$

式中 c_1——氢氧化钠标准滴定溶液的浓度，mol/L；

c_2——硫酸标准滴定溶液的浓度，mol/L；

V_1——反应液中加入氢氧化钠标准滴定溶液的体积，mL；

V_1'——反应中生成的氯仿消耗的氢氧化钠标准滴定溶液的体积，mL；

V_2——滴定消耗的硫酸标准滴定溶液的体积，mL；

M——水合氯醛的摩尔质量，g/mol；

m——水合氯醛试样的质量，g。

十五、酮类医药的测定

酮类医药是分子结构中含有羰基和氮原子的药物，结构比较稳定，在医药分析中可采用仪器分析如气相色谱、高效液相色谱和分光光度法进行含量测定，也可以采用定氮法测定其含量。下面以定氮法测定扑米酮含量为例介绍酮类医药的含量测定方法。

扑米酮的结构式如下：

O
NH
NH
H_3CH_2C
O

1. 测定原理（克达尔定氮法）

扑米酮在催化剂的作用下，用浓硫酸煮沸分解，其中的氮转变为 NH_3，被浓硫酸吸收后生成酸式硫酸盐（这个过程称为“消化”），加入过量氢氧化钠溶液使反应液呈碱性，用直接蒸馏法将 NH_3 随水蒸气蒸出，蒸馏过程中所放出的 NH_3 可用硼酸溶液吸收，然后用甲基红＋溴甲酚绿混合液作指示剂，用硫酸标准滴定溶液滴定至淡红色即为终点，在同样条件下做空白试验，根据硫酸标准滴定溶液的消耗量，可计算出扑米酮的含量。

$$C_{12}H_{14}N_2O_2 + 26H_2SO_4 \xrightarrow[\triangle]{\text{催化剂}} 12CO_2\uparrow + 26SO_2\uparrow + 2NH_3\uparrow + 30H_2O \tag{3-77}$$

$$NH_3 + H_2SO_4 \longrightarrow NH_4HSO_4 \tag{3-78}$$

$$NH_4HSO_4 + 2NaOH \xrightarrow[\triangle]{} Na_2SO_4 + 2H_2O + NH_3\uparrow \tag{3-79}$$

$$NH_3 + H_3BO_3 \longrightarrow NH_4H_2BO_3 \tag{3-80}$$

$$2NH_4H_2BO_3 + H_2SO_4 \longrightarrow (NH_4)_2SO_4 + 2H_3BO_3 \tag{3-81}$$

2. 仪器

① 克达尔烧瓶；

② 电炉；

③ 水蒸气蒸馏装置；

④ 滴定装置。

3. 试剂

① 浓硫酸；

② 催化剂　硫酸铜-无水硫酸钾-硒粉为 1∶10∶0.1，研磨，通过目筛；

③ 氢氧化钠溶液　质量分数为 40%；

④ 饱和硼酸溶液；

⑤ 甲基红-溴甲酚绿混合指示剂溶液　以 1 体积质量分数为 0.2%甲基红的乙醇溶液和 3 体积质量分数为 0.1%溴甲酚绿的乙醇溶液混合；

⑥ 硫酸标准溶液　0.05mol/L。

4. 测定方法

① 准确称取约 0.2g（精确至 0.2mg）扑米酮试样，置于克达尔烧瓶中（不能黏附在瓶颈内壁上），再小心加入催化剂 1.85g、浓硫酸约 5mL。将消化装置放在通风橱中缓慢加热，反应开始炭化变黑，继而变为草黄色，最后变为蓝绿色或接近无色。继续加热 30min，冷却至室温，小心加蒸馏水约 40mL。

② 向已消化分解试样的克达尔烧瓶中加入质量分数为 40%的氢氧化钠溶液约 20mL，采用水蒸气蒸馏法将氨气蒸出，蒸出的氨气经冷凝管冷却后通入装有 20mL 饱和硼酸溶液的 250mL 锥形瓶中进行吸收，蒸馏结束后，用蒸馏水冲洗冷凝管出口外部及冷凝管内壁，并将洗涤液并入锥形瓶中。加入甲基红-溴甲酚绿混合指示剂 3 滴，用 0.05mol/L 的硫酸标准滴定溶液进行滴定，滴定至溶液呈暗色或淡红色即为终点。

③ 在同样条件下进行空白试验。

5. 测定结果计算

$$w(\text{扑米酮}) = \frac{c(V-V_0)M}{m\times 1000}\times 100\% \tag{3-82}$$

式中　w(扑米酮)——试样中扑米酮的质量分数，%；

V——滴定试样消耗硫酸标准滴定溶液的体积，mL；

V_0——空白测定消耗硫酸标准滴定溶液的体积，mL；

c——硫酸标准滴定溶液的浓度，mol/L；

m——试样的质量，g；

M——扑米酮的摩尔质量，g/mol。

第五节　农药物理指标的测定

农药分析是通过对农药物理指标及有效成分含量的测定，来实现农药质量控制和确定的分析检验方法，是精细化学品分析的重要组成部分之一。农药分析主要采用的方法是化学分析法、物理或物理化学分析法。

农药分析的主要任务是：对农药的质量进行检验分析、对农药的生产过程进行质量控制分析、对农药使用后残留量进行分析。

一、农药的基本知识

1. 农药的分类

农药的品种很多，仅目前常用的农药就有200多种，并且每年都有新的品种出现。为了使用方便，通常根据农药的用途、原料来源、作用方式、毒性和形态进行分类。

(1) 按照用途分类　杀虫剂（如：敌敌畏、克百威、三氯杀螨砜等)、杀菌剂（如：多菌灵等)、除草剂（如：乙草胺、丁草胺等)、杀鼠剂（如：磷化锌等)、植物生长调节剂（如：矮壮素、缩节胺等）等。

(2) 按照原料来源分类　无机农药（如：石硫合剂等)、有机农药（如：杀灭菊酯、敌百虫、氧化乐果等)、植物性农药（如：鱼藤精、烟碱等)、生物农药（如：春雷霉素）等。

(3) 按照作用方式分类　触杀剂、胃杀剂、熏蒸剂、内吸剂、内吸传导剂、驱避剂、引诱剂、拒食剂、不育剂、昆虫激素等。

(4) 按照毒性的大小分类　高毒农药（如：久效磷、对硫磷、敌敌畏等)、中毒农药（如：速灭威、乐果、氯氰菊酯等）和低毒农药（如：溴氰菊酯、敌百虫、辛硫磷等）三类。

(5) 按照物理形态分类　固体农药（如：粉剂)、液体农药（如：乳油）和气体农药（如：气雾剂）等。

2. 农药的剂型

农药的剂型是指农药原药经过加工使之成为可用适当器械应用的制成品。农药厂或化工厂用化学方法制造出的而未经加工的农药称为原药。原药一般不能直接应用于作物，在使用前必须加工成一定剂型，经过稀释，采用适当的器械和施药方法，才能收到良好的防治效果。农药剂型的分类方法很多，按有效成分释放特性可分为：自由释放型和控制释放型两类；按制剂的物态可分为：固体剂型（如：可湿性粉剂、可溶性粉剂、粒剂、熏蒸性片剂、胶体剂和烟剂）和液体剂型（如：乳剂、水剂、胶悬剂和气雾剂）两类。

(1) 固体农药剂型

① 粉剂　由原药、大量的填料（载体）及适当的稳定剂一起混合粉碎所得到的一种干剂型称为粉剂。粉剂含有效成分一般在10%以下，大多数在0.5%～5%之间。考察粉剂最重要的性能指标是细度、均匀度、稳定性和吐粉性。

② 可湿性粉剂　是将原药、填料、表面活性剂及其他助剂等一起混合并粉碎得很细的一种农药干剂型。它可用于稀释后形成稳定的可供喷雾的悬浮液。

③ 可溶性粉剂　由水溶性原药、填料及少量吸附剂经加工而制成的剂型。

④ 粒剂　由原药与载体、黏着剂、润湿剂、稳定剂等混合造粒所得到的一种固体剂型。

⑤ 熏蒸性片剂　此剂型的特点是剂量准确，使用时无需称量，操作方便，产品物理化

学性质稳定。

⑥ 胶体剂　由原药、润湿剂、分散剂进行加热形成分散体，然后冷却成固体，再进行粉碎即为胶体剂。

⑦ 烟剂　用适当的热源使易挥发或升华的药剂迅速汽化，弥漫于空中，并维持到一定时间的剂型。

(2) 液体农药剂型

① 乳剂　将原药与有机溶剂、乳化剂按配方比例溶解调制成均相的液体制剂称为乳剂或乳油。

② 水剂　凡是能溶于水的原药，均能用水和适当的表面活性剂调制成一定浓度的水剂。

③ 胶悬剂　由原药、载体、分散剂混合而成的制剂。

④ 气雾剂　由原药加发射剂、少量溶剂混合制成的液体制剂。

二、农药物理指标的测定

农药的物理指标包括：水分、酸度、熔点、细度、乳化力、悬浮率、湿润性等，它们在一定程度上反映了农药质量的优劣，因此，必须对农药的物理指标进行测定并严加控制。

1. 农药中水分含量的测定（共沸蒸馏法）

(1) 测定原理　取一定量农药试样于圆底烧瓶中，加入一定量与水互不相溶的溶剂加热回流，使水分和溶剂共同蒸出，分馏出的液体收集在水分测定器中，分层后，量出水的体积，计算出农药中水分含量。

(2) 仪器　水分测定仪：由圆底烧瓶、接受器和直形冷凝管三部分组成。

(3) 试剂

① 甲苯；

② 苯。

该测定方法所用试剂除另有规定外，均为分析纯试剂。

(4) 测定方法　准确称取一定量试样（精确至0.01g)，约含水0.3～1.0g，放入水分测定仪的圆底烧瓶中，加入100mL甲苯（或苯）和几根长约10cm洁净干燥的毛细管，安装好整个水分测定仪，以每秒2～3滴的速率加热回流，直至接受器内液体变清，水分不再增加，再保持10min后，停止加热。用毛细滴管吸取少量甲苯冲洗冷凝器内壁，直至没有水珠落下为止，冷却至室温，读取接受器内水的体积。

(5) 测定结果计算

$$w(H_2O)=\frac{V\rho}{m}\times 100\% \tag{3-83}$$

式中　$w(H_2O)$——试样中水的质量分数，%；

V——接受器中水的体积，mL；

ρ——水的密度，g/mL；

m——试样质量，g。

2. 农药酸度的测定

(1) 测定原理　农药的pH是指质量浓度为10g/L的农药溶液的pH。测定农药的pH使用的仪器是pH计（或称为酸度计）。pH计的测量电极是玻璃电极，它与饱和甘汞电极组成一个电池。以饱和甘汞电极为参比电极，测量两极间的电位差，即可得农药溶液的pH。

(2) 仪器

① pH 计　具有温度补偿；

② 玻璃电极　使用前应在蒸馏水中浸泡 24h，以使其活化；

③ 饱和甘汞电极。

(3) 试剂

① 四硼酸钠 pH 标准溶液　0.05mol/L，准确称取 19.07g 四硼酸钠于 1000mL 容量瓶中，用蒸馏水溶解后稀释至刻度，摇匀。此溶液放置时间不得超过 1 个月。

② 邻苯二甲酸氢钾 pH 标准溶液　0.05mol/L，准确称取在 105～110℃烘干至恒重的邻苯二甲酸氢钾 19.07g 于 1000mL 容量瓶中，用蒸馏水溶解后稀释至刻度，摇匀。此溶液放置时间不得超过 1 个月。

③ 蒸馏水　新煮沸并冷却至室温的蒸馏水，pH 为 5.5～7.0。

该测定方法所用试剂除另有规定外，均为分析纯试剂。

(4) 测定方法

① pH 计的校正　将 pH 计的指针调整至零点，调整温度补偿旋钮至室温，用邻苯二甲酸氢钾 pH 标准溶液（0.05mol/L）校正 pH 计，重复校正，直至两次读数不变为止。再测量四硼酸钠 pH 标准溶液（0.05mol/L）的 pH，测定值与标准值的绝对差值不大于 0.02，则 pH 计调整到正常状态。

② 试样溶液的配制　称取试样 1g 于 100mL 烧杯中，加入 100mL 蒸馏水，剧烈搅拌 1min，静置 1min。

③ 测定　将冲洗干净并用滤纸吸干的玻璃电极和饱和甘汞电极插入试样溶液中，测定其 pH。

(5) 测定结果计算　至少平行测定三次，测定结果的绝对差值应小于 0.1，取其算术平均值即为该试样的 pH。

(6) 说明　pH 标准溶液随着温度的变化而有所变化，因此，测定前应进行温度校正。

3. 农药粉剂细度的测定

农药粉剂的细度测定方法有两种：一种为干筛法，适用于粉剂；另一种为湿筛法，适用于可湿性粉剂。干筛法是将烘箱中干燥至恒重的样品自然冷却至室温，并在样品与大气达到湿度平衡后，称取试样，用适当孔径的试验筛筛分至终点，称量筛中残余物，计算细度。湿筛法是较常用的一种方法。下面仅介绍湿筛法。

(1) 测定原理　将称量好的试样放入烧杯中润湿、稀释，然后倒入湿润的试验筛中，用平缓的自来水直接冲洗，再将试验筛置于盛水的盆中继续洗涤，将筛中残余物转移至烧杯中，干燥残余物，称重，计算细度。

(2) 仪器

① 试验筛　适当孔径，并具有配套的接收盘和盖子；

② 烧杯　250mL，100mL；

③ 带有橡皮罩的玻璃棒；

④ 干燥器；

⑤ 烘箱　在 100℃以内控温精度为±2℃。

(3) 测定方法

① 试样的润湿　称取试样 20g（精确至 0.1g），置于 250mL 烧杯中，加入 80mL 自来水，用玻璃棒搅动，使其完全润湿。如果试样抗润湿，可加入适量非极性润湿剂。

② 试验筛的润湿　将试验筛浸入自来水中，使金属丝布完全润湿。必要时可在自来水中加入适量非极性润湿剂。

③ 测定　用自来水将烧杯中润湿的试样稀释至约 150mL，搅拌均匀，然后全部倒入润湿的标准筛中，用自来水冲洗烧杯，洗涤水并入筛中，直至烧杯中粗颗粒完全移至筛中为止。用直径为 9～10mm 的橡皮管导出的平缓自来水冲洗筛中试样，水速控制在 4～5L/min，橡皮管末端出水口保持与筛缘平齐为度。在筛洗过程中，保持水流对准筛上的试样，使其充分洗涤（如果试样中有软团块，可用具有橡皮罩的玻璃棒轻压，使其分散），一直洗到通过试验筛的水清亮透明为止。再将试验筛移至盛有自来水的盆中，上下移动洗涤筛缘始终保持在水面之上，重复至 2min 内无物料过筛为止。弃去过筛物，将筛中的残余物冲洗至一角，再转移至已在 100℃恒重的烧杯中。静置，待烧杯中颗粒沉降至底部后，倾去大部分水，加热，将残余物蒸发近干，于 100℃（或根据产品的物化性能，采用其他适当温度）的烘箱中烘至恒重，取出烧杯置于干燥器中冷却至室温，称重。

（4）测定结果计算

$$\text{粉剂细度}=\frac{m_1-m_2}{m_1}\times 100\% \tag{3-84}$$

式中　m_1——粉剂（或可湿性粉剂）试样的质量，g；

m_2——烧杯中残余物的质量，g。

两次平行测定结果之差应在 0.8%内。

4. 农药可湿性粉剂悬浮率的测定

悬浮率是指在给定的静止高度的液柱中，经过一定时间后，悬浮的有效成分占最初悬浮液中有效成分的质量分数。悬浮率是可湿性粉剂的重要质量指标之一。

（1）测定原理　用标准硬水将待测试样配制成适当浓度的悬浮液。在规定条件下，于量筒中静置 30min，测定底部 1/10 悬浮液中有效成分的含量，计算悬浮率。

（2）仪器

① 秒表；

② 恒温水浴　能控温至±1℃；

③ 抽气泵；

④ 玻璃吸管　长约 40cm，内径为 5mm，一端尖嘴处孔径约 2～3mm，另一端与抽气系统相连接；

⑤ 量筒　250mL，带磨口玻璃塞，0～250mL 刻度间距为 20.0～21.5cm，250mL 刻度线与塞子底部之间距离应为 4～6cm。

（3）试剂

① 碳酸钙　使用前于 400℃烘 2h；

② 氧化镁　使用前于 105℃干燥 2h；

③ 氢氧化钠溶液　0.1mol/L；

④ 氨水　1.0mol/L；

⑤ 盐酸溶液　0.1mol/L，1.0mol/L；

⑥ 甲基红指示剂　1g/L。

该测定方法所用试剂除另有规定外，均为分析纯试剂。

（4）测定方法

① 贮备液 A、B 的制备

a. A 溶液（Ca^{2+}浓度为 0.04mol/L） 准确称取在 400℃烘干 2h 并冷却至室温的碳酸钙 4.0g（精确至 0.2mg）于 800mL 烧杯中，加少量蒸馏水润湿，缓慢加入 1mol/L 盐酸溶液 82mL，充分搅拌。待碳酸钙全部溶解后，加蒸馏水 400mL，煮沸，除去二氧化碳，冷却至室温，加 1g/L 的甲基红指示剂 2 滴，用 1mol/L 的氨水中和至橙色，将此溶液转移到 1000mL 容量瓶中，用蒸馏水稀释至刻度，混匀。

b. B 溶液（Mg^{2+}浓度为 0.04mol/L） 准确称取在 105℃烘干 2h 并冷却至室温的氧化镁 1.613g 于 800mL 烧杯中，加少量蒸馏水润湿，缓慢加入 1mol/L 盐酸溶液 82mL，充分搅拌，并缓慢加热。待氧化镁完全溶解后，加蒸馏水 400mL，煮沸，除去二氧化碳，冷却至室温，加 1g/L 的甲基红指示剂溶液 2 滴，用 1mol/L 的氨水中和至橙色，将此溶液转移到 1000mL 容量瓶中，用蒸馏水稀释至刻度，混匀。

② 标准硬水（以含碳酸钙 342mg/L 计）的配制 准确移取 68.50mL A 溶液和 17.0mL B 溶液于 1000mL 烧杯中，加 800mL 蒸馏水，用 0.1mol/L 氢氧化钠溶液或 0.1mol/L 盐酸溶液调节 pH 为 6.0～7.0（用酸度计测定）。将此溶液转移到 1000mL 容量瓶中，用蒸馏水稀释至刻度，摇匀。

③ 测定 准确称取适量试样（精确到 0.1mg），置于盛有 50mL[(30±1)℃] 标准硬水的 200mL 烧杯中，用手做圆周运动振摇，约每分钟 120 次，进行 2min。将该悬浮液在 (30±1)℃的水浴中放置 13min，然后用同一温度的标准硬水将其全部洗入 250mL 量筒（带磨口具塞，0～250mL 刻度间距为 20.0～21.5cm，250mL 刻度线与瓶塞底部之间的距离应为 4～6cm）中，并稀释至刻度，盖上瓶塞，将量筒在 1min 内上下颠倒 30 次。打开塞子，再垂直放入无振动的恒温水浴中，放置 30min。用吸管在 10～15s 内将内容物的 225mL 悬浮液移出，不要摇动或搅起量筒内的沉降物，确保吸管的尖嘴部分总是在液面下 5mm 左右处［称样量可根据可湿性粉剂推荐使用的最高喷洒浓度计算出来，通常在产品标准中加以规定。例如，某农药的喷洒浓度为 1∶(800～1000)，则称样量应为 0.25g］。

按规定方法测定试样和留在量筒底部 25mL 悬浮液中的有效成分含量。

(5) 测定结果计算

$$试样悬浮率=\frac{10}{9}\times\frac{m_1-m_2}{m_1}\times100\% \tag{3-85}$$

式中 m_1——配制悬浮液所取试样中有效成分的质量，g；

m_2——留在量筒底部 25mL 悬浮液中有效成分的质量，g。

5. 农药可湿性粉剂润湿性的测定

(1) 测定原理 农药可湿性粉剂的润湿性是由药粉的润湿时间来表示的。将一定量的可湿性粉剂从规定的高度倾入盛有一定量标准硬水的烧杯中，测定其完全润湿的时间。

(2) 仪器

① pH 计；

② 恒温水浴；

③ 聚乙烯瓶 1000mL；

④ 容量瓶 1000mL；

⑤ 量筒 20mL，100mL，500mL；

⑥ 烧杯 800mL，1000mL，250mL（内径为 6.5cm，高度为 9.0cm）；

⑦ 秒表；

⑧ 表面皿　直径为 9.0cm；

⑨ 温度计　最小分度值为 1℃，量程为 100℃。

(3) 试剂

① 碳酸钙　使用前于 400℃烘 2h；

② 氧化镁　使用前于 105℃干燥 2h；

③ 氢氧化钠溶液　0.1mol/L；

④ 氨水溶液　1.0mol/L；

⑤ 盐酸溶液　0.1mol/L、1.0mol/L；

⑥ 甲基红指示剂　1g/L。

该测定方法所用试剂除另有规定外，均为分析纯试剂。

(4) 测定方法

① 贮备液 A、B 的制备

a. A 溶液（Ca^{2+}浓度为 0.04mol/L）　准确称取在 400℃烘干 2h 并冷却至室温的碳酸钙 4.000g 于 800mL 烧杯中，加少量蒸馏水润湿，缓慢加入 1mol/L 盐酸溶液 82mL，充分搅拌。待碳酸钙全部溶解后，加蒸馏水 400mL，煮沸，除去二氧化碳，冷却至室温，加 1g/L 的甲基红指示剂 2 滴，用 1mol/L 的氨水中和至橙色，将此溶液转移到 1000mL 容量瓶中，用蒸馏水稀释至刻度，混匀。

b. B 溶液（Mg^{2+}浓度为 0.04mol/L）　准确称取在 105℃烘干 2h 并冷却至室温的氧化镁 1.613g 于 800mL 烧杯中，加少量蒸馏水润湿，缓慢加入 1mol/L 盐酸溶液 82mL，充分搅拌，并缓慢加热。待氧化镁完全溶解后，加蒸馏水 400mL，煮沸，除去二氧化碳，冷却至室温，加 1g/L 的甲基红指示剂溶液 2 滴，用 1mol/L 的氨水中和至橙色，将此溶液转移到 1000mL 容量瓶中，用蒸馏水稀释至刻度，混匀。

② 标准硬水（以含碳酸钙 342mg/L 计）的配制　准确移取 68.50mL A 溶液和 17.0mL B 溶液于 1000mL 烧杯中，加 800mL 蒸馏水，用 0.1mol/L 氢氧化钠溶液或 0.1mol/L 盐酸溶液，调节 pH 为 6.0～7.0（用酸度计测定）。将此溶液转移到 1000mL 容量瓶中，用蒸馏水稀释至刻度，摇匀。

③ 测定　取标准硬水（100±1)mL，注入 250mL 的烧杯中，将此烧杯置于温度为（25±1)℃的恒温水浴中，使其液面与水浴的水平面平齐。待烧杯中硬水水温升高到（25±1)℃时，用干燥洁净的表面皿称取试样（5±0.1)g，将全部试样从与烧杯口平齐位置一次均匀地倾倒在该烧杯的液面上，但不要过分地搅动液面。加样品的同时按下秒表开始记时，直至试样全部润湿为止，再次按下秒表停止计时。记录润湿时间。如此重复操作 5 次，取其平均值作为该样品的润湿时间（准确至秒）。

6. 农药乳剂稳定性的测定

(1) 测定原理　农药乳剂经标准硬水稀释后，在规定的温度下保温一定时间。根据稀释液保温后状态是否变化，判定乳油的稳定性。

(2) 仪器

① 恒温水浴；

② 吸量管　1mL（最小分度值为 0.1mL)；

③ 烧杯　250mL，直径 60～65mm；

④ 磨口具塞量筒　100mL，内径 28mm，高 250mm；

⑤ 玻璃搅拌棒　直径 6～8mm。

（3）试剂

① 盐酸溶液　2mol/L；

② 无水氯化钙；

③ 氯化镁（带 6 个结晶水）　使用前于 105℃干燥 2h；

④ 碳酸钙　使用前于 400℃烘 2h。

该测定方法所用试剂除另有规定外，均为分析纯试剂。

（4）测定方法

① 标准硬水（以碳酸钙 342mg/L 计）的配制

a. 方法一　准确称取 2.740g 碳酸钙及 0.276g 氯化镁于 100mL 烧杯中，加入盐酸溶液适量使其完全溶解，将烧杯放在水浴上加热蒸发至干，以除去多余的盐酸，然后将残留物用适量蒸馏水溶解后定量转移到 100mL 容量瓶中，用蒸馏水稀释至刻度，取出 10mL 置于 1000mL 容量瓶中，用蒸馏水稀释至刻度，摇匀，即得。

b. 方法二　准确称取 0.304g 无水氯化钙和 0.139g 带六个结晶水的氯化镁于 250mL 烧杯中，加入适量蒸馏水并搅拌使其溶解，然后定量转移至 1000mL 容量瓶中，用蒸馏水稀释至刻度，摇匀，即得。

在具体操作中，上述两种方法可任选一种。

② 测定　在 250mL 烧杯中加入 100mL 25～30℃标准硬水，用吸量管吸取规定量的乳剂试样，在不断搅拌的情况下，缓缓加入到标准硬水中（按各产品规定的稀释浓度），使其成为 100mL 乳液。加完乳剂后，以每秒钟两至三圈的速率搅拌 30s，然后，立即将乳液倒入清洁、干燥磨口具塞的 100mL 量筒中，并将量筒置于 25～30℃的恒温水浴中，静置 1h 后，取出，观察乳液分离情况。如果在量筒中没有乳油、沉油或沉淀析出，则稳定性为合格（取样量按各产品标准规定的稀释倍数计算，例如规定稀释 400 倍，则取样量为 0.25mL）。

第六节　农药有效成分含量的测定

农药有效成分的含量是衡量农药质量和衡量农药药效的重要指标，因此，农药有效成分的测定是农药分析的重要内容之一。农药有效成分测定常用的方法有：化学分析法、电位滴定法、薄层色谱法、分光光度法、气相色谱法和高效液相色谱法等。下面介绍各种测定农药有效成分的原理及操作方法。

一、二甲基亚磷酸酯含量的测定

该法适用于氧乐果生产过程中工艺控制分析时测定二甲基亚磷酸酯的含量。

1. 测定原理

常温下二甲基亚磷酸酯与过量的氢氧化钠标准滴定溶液发生定量反应，生成二甲基亚磷酸酯的钠盐，反应完成后，用硫酸标准滴定溶液滴定剩余的氢氧化钠，根据氢氧化钠标准滴定溶液和硫酸标准滴定溶液的消耗量，可以计算出二甲基亚磷酸酯的含量。

$$(CH_3O)_2POH + NaOH \longrightarrow CH_3OPOHONa + CH_3OH \qquad (3\text{-}86)$$

$$2NaOH + H_2SO_4 \longrightarrow Na_2SO_4 + 2H_2O \qquad (3\text{-}87)$$

2. 仪器

① 滴定分析装置；

② 分析天平。

3. 试剂

① 无水乙醇　分析纯；

② 氢氧化钠　0.1mol/L 标准滴定溶液；

③ 硫酸　0.1mol/L 标准滴定溶液；

④ 甲基红指示剂。

4. 测定方法

(1) 试样含酸量的测定　准确称取试样 0.1～0.2g（精确至 0.2mg），置于盛有 25mL 乙醇的具塞锥形瓶中，加入 2 滴甲基红指示剂，用 0.1mol/L 的 NaOH 标准滴定溶液滴至黄色为终点，记下所消耗的体积 V(mL)，保留溶液。

(2) 试样中二甲基亚磷酸酯含量的测定　向上述滴定过的样品溶液中再准确加入 0.1mol/L 的 NaOH 标准滴定溶液 20.00mL（V_1），摇匀，常温下静置 60min，用 0.1mol/L 的 H_2SO_4 标准滴定溶液滴至出现红色为终点，记下所消耗的体积 V_2(mL)。

5. 测定结果计算

(1) 试样含酸量（以盐酸计）

$$w(\mathrm{HCl})=\frac{cV\times 36.5}{1000m}\times 100\% \tag{3-88}$$

式中　$w(\mathrm{HCl})$——试样中以盐酸计的酸含量（质量分数），%；

c——NaOH 标准滴定溶液的浓度，mol/L；

V——滴定试样中的酸所消耗的 NaOH 标准滴定溶液的体积，mL；

m——试样的质量，g；

36.5——盐酸的摩尔质量，g/mol。

(2) 试样中二甲基亚磷酸酯质量分数

$$w(\text{二甲基亚磷酸酯})=\frac{(c_1V_1-2c_2V_2)\times 110.1}{1000m}\times 100\% \tag{3-89}$$

式中　w(二甲基亚磷酸酯)——试样中二甲基亚磷酸酯的质量分数，%；

c_1——NaOH 标准滴定溶液的浓度，mol/L；

V_1——NaOH 标准滴定溶液的体积，mL；

c_2——H_2SO_4 标准滴定溶液的浓度，mol/L；

V_2——滴定中所消耗的 H_2SO_4 标准滴定溶液的体积，mL；

m——试样的质量，g；

110.1——二甲基亚磷酸酯的摩尔质量，g/mol。

二、非水滴定法测定杀虫双水剂的含量

1. 测定原理

用石油醚萃取除去杀虫双水剂中沙蚕毒、游离胺氯化物等杂质，在盐酸（酸性）介质中加热水解，杀虫双生成二氢沙蚕毒，用氢氧化钠中和至碱性，二氢沙蚕毒被氧化成沙蚕毒，再用四氯化碳、石油醚混合萃取剂萃取。在非水介质中，以百里香酚蓝作指示剂，用盐酸标准滴定溶液滴定沙蚕毒，沙蚕毒与盐酸反应生成沙蚕毒盐酸盐，反应完成后，微过量的盐酸

使百里香酚蓝变红色，根据盐酸标准滴定溶液的消耗量可计算出杀虫双的含量。

2. 仪器

① 10mL 微量酸式滴定管 A 级；

② 实验室常用玻璃仪器。

3. 试剂

① 亚硫酸钠和浓盐酸；

② 磷酸二氢钠 基准试剂；

③ 氢氧化钠溶液 2mol/L 及饱和溶液；

④ 百里香酚蓝溶液 0.2%；

⑤ 混合萃取剂 石油醚（沸程 30～60℃）-四氯化碳为 2∶3（体积比）；

⑥ 混合溶剂 异丙醇-乙二醇为 2∶1（体积比）；

⑦ 混合指示液 0.2%酚酞溶液-0.2%百里香酚蓝溶液为 3∶1（体积比）；

⑧ 盐酸标准滴定溶液 0.1mol/L 的盐酸-冰醋酸溶液。

以上所用试剂除另有规定外，均为分析纯。

4. 测定方法

准确称取适量杀虫双水剂（含杀虫双约 3.6g，精确到 0.01g），置于 25mL 容量瓶中，用蒸馏水稀释至刻度，摇匀，准确移取 2.00mL 置于 50mL 试管中，加 3 滴混合指示液，用 2.0mol/L 氢氧化钠溶液中和至溶液呈紫色，加入 5mL 石油醚振荡萃取 5min，静置分层后，用滴管尽量吸出有机相（弃去），按上法重复萃取一次，用移液管沿试管壁周围加入 8mL 浓盐酸。

将盛有试样的试管置于沸水浴中加热 6min，然后将试液转入 125mL 分液漏斗中，用约 30mL 蒸馏水分 5 次洗涤试管，洗涤液并入同一分液漏斗中，加 5 滴混合指示液，在摇动下逐滴加入饱和氢氧化钠溶液，中和至溶液呈黄色，再用 2mol/L 氢氧化钠溶液继续中和至溶液呈紫色（pH=9～9.5），加 10mL 0.3mol/L 磷酸二氢钠溶液，摇匀，加约 2g 亚硫酸钠，振摇使之完全溶解，放置 2min，加 15mL 混合萃取剂萃取 6min（每分钟摇 200 次），静置分层后，将萃取液放入 250mL 锥形瓶中。按上法重复萃取两次，萃取液并入同一锥形瓶中，加入 35mL 混合溶剂和 3 滴 0.2%的百里香酚蓝指示液，用 0.1mol/L 盐酸标准滴定溶液滴定至溶液呈红色。在相同条件下进行空白试验。

5. 测定结果计算

$$w(\text{杀虫双})=\frac{c(V_1-V_2)\times 0.3554}{m\times\frac{2}{25}}\times\frac{1}{1+0.0009(T_1-T_0)}\times 100\% \tag{3-90}$$

式中 w(杀虫双)——试样中杀虫双的质量分数，%；

c——盐酸标准滴定溶液浓度，mol/L；

V_1——试样测定消耗盐酸标准滴定溶液的体积，mL；

V_2——空白测定消耗盐酸标准滴定溶液的体积，mL；

m——试样质量，g；

T_1——试样测定时的温度，℃；

T_0——标定标准滴定溶液时的温度，℃；

0.3554——杀虫双的毫摩尔质量，g/mmol；

0.0009——混合溶剂膨胀系数。

本法平行测定偏差不大于0.8%。

三、电位滴定法测定敌百虫的含量

1. 测定原理

敌百虫（*O*,*O*-二甲基-2,2,2-三氯-1-羟基乙基膦酸酯）在碱性介质中分解，定量释放出氯离子，以自动电位滴定仪确定终点，用银量法滴定氯离子，根据硝酸银标准滴定溶液的消耗量可计算出敌百虫的含量。

2. 仪器

① 自动电位滴定仪；

② 银电极（或氯离子选择电极）；

③ 饱和甘汞电极；

④ 恒温水浴。

3. 试剂

① 硝酸溶液（1∶3）；

② 乙醇溶液（1∶1）　由95%乙醇和蒸馏水配制而成；

③ 碳酸钠溶液　1.0mol/L；

④ 硝酸银标准溶液　0.05mol/L。

以上所用试剂除另有规定外，均为分析纯试剂。

4. 测定方法

(1) 仪器校正　将10mL硝酸溶液、40mL乙醇溶液和100mL蒸馏水置于250mL烧杯中，插入电极，在搅拌下将仪器选择开关扳至“滴定”，调节仪器至700mV处。再将选择开关扳至“终点”，用终点调节旋钮调至700mV处。然后再将选择开关扳至“滴定”处。

(2) 样品测定　准确称取敌百虫原粉试样0.3～0.35g（精确至0.2mg），置于250mL锥形瓶中，加入40mL乙醇溶液，待试样溶解后，置于(30±0.5)℃的恒温水浴中，静置10min，加入5mL碳酸钠溶液，放置10min后，立即缓慢加入10mL硝酸溶液，然后从恒温水浴中取出，将溶液转入250mL烧杯中，加入100mL蒸馏水，用硝酸银标准滴定溶液进行电位滴定。

(3) 空白测定　准确称取敌百虫原粉试样0.3～0.35g（精确至0.2mg），置于250mL锥形瓶中，加入40mL乙醇溶液，待试样溶解后，置于(30±0.5)℃的恒温水浴中，静置10min，加入10mL硝酸溶液，缓慢加入5mL碳酸钠溶液，在(30±0.5)℃的恒温水浴中放置10min后，取出锥形瓶，将溶液转入250mL烧杯中，加入100mL蒸馏水，用硝酸银标准滴定溶液进行电位滴定。

5. 测定结果计算

$$w(\text{敌百虫})=c\left(\frac{V}{m}-\frac{V_0}{m_0}\right)\times 0.2574\times 1.01\times 100\% \quad (3\text{-}91)$$

式中　w(敌百虫)——敌百虫原粉试样中敌百虫的质量分数，%；

c——硝酸银标准滴定溶液的浓度，mol/L；

V——试样测定时消耗硝酸银标准滴定溶液的体积，mL；

V_0——空白测定时消耗硝酸银标准滴定溶液的体积，mL；

m——试样质量，g；

m_0——空白试样质量，g；

0.2574——敌百虫分子的毫摩尔质量，g/mmol；

1.01——校正系数。

四、薄层色谱-溴化法测定氧乐果的含量

氧乐果是一种有机磷杀虫剂，其化学名称为 *O*,*O*-二甲基-*S*-(*N*-甲氨基甲酰甲基）硫代磷酸酯。氧乐果含量常用的测定方法有两种，即薄层色谱-溴化法和气相色谱法。下面仅介绍薄层色谱-溴化法。

1. 测定原理

采用硅胶 G 薄层板，使用氯仿-正己烷-冰醋酸混合液为展开剂，通过薄层色谱法将氧乐果从乳油中分离出来，刮取氧乐果色谱带，然后用溴化法测定。

2. 仪器

① 展开槽；

② 玻璃板　10cm×20cm；

③ 点样器　100μL 微量注射器；

④ 玻璃喷雾器；

⑤ 容量瓶　10mL；

⑥ 碘量瓶　100mL；

⑦ 吸管　10mL；

⑧ 恒温水浴。

3. 试剂

① 硅胶 G　薄层色谱用；

② 无水乙醇；

③ 展开剂　氯仿-正己烷-冰醋酸为 5∶3∶2（体积比）；

④ 碘化钾溶液　150g/L；

⑤ 盐酸溶液（1∶1）（体积比）；

⑥ 溴酸钾-溴化钾溶液　称取 1.5g 溴酸钾和 13g 溴化钾溶解于少量蒸馏水中，然后用蒸馏水稀释至 1000mL，摇匀；

⑦ 硫代硫酸钠标准滴定溶液　0.02mol/L；

⑧ 氯化钯显色剂（1g/L）　称取氯化钯 0.1g，用 1mL 0.1mol/L 盐酸溶液溶解后，加蒸馏水稀释至 100mL；

⑨ 淀粉指示剂（5g/L）　称取可溶性淀粉 1g，加蒸馏水 10mL 调匀，搅拌下将其缓慢倒入 200mL 煮沸的蒸馏水中，再微沸 2min，冷却至室温，取上层清液备用。

以上所用试剂除另有规定外，均为分析纯试剂。

4. 测定方法

（1）薄层板的制备　采用平铺法制作薄层板（每块板用 4～5g 硅胶 G），水平放置风干后，放入烘箱中控制温度在 105～110℃烘干 2h 左右，取出，放入干燥器中备用。

（2）薄层分离　准确称取含氧乐果 0.5g（精确至 0.2mg）的 40%乳油或原油于容量瓶中，用无水乙醇稀释至刻度，摇匀。用点样器吸取 100μL 该乙醇溶液，取一块已活化好的薄层板，在距板底边 3cm、两侧各 1.5cm 处，将样品点成细直线，把薄层板的两边各刮去 5mm 宽的硅胶，以防展开剂沿边缘扩散。在距薄层板的顶边 3cm 处，平行于顶边刮去 1mm

宽的硅胶，此线作为展开剂展开的上限。待溶剂挥发后，将薄层板直立放于被展开剂蒸气饱和的展开槽中，板底浸入展开剂的深度为 8mm 左右。当展开剂上升至展开的上限时，将薄层板从展开槽中取出，放入通风橱中，在红外灯下干燥，使溶剂挥发，用喷雾器将氯化钯显色剂喷到薄层板上显色，将比移值 R_f 为 0.35 左右的氧乐果黄色带全部转入 500mL 碘量瓶中。

(3) 测定　用少量蒸馏水冲洗碘量瓶壁，加蒸馏水至总体积约为 50mL，准确移取 10.00mL 溴酸钾-溴化钾溶液及 10mL 盐酸溶液；塞紧瓶塞，摇匀，瓶口用少量蒸馏水液封，于 (30±1)℃恒温水浴中放置 10min。取出碘量瓶，加入碘化钾溶液 5mL，摇匀，暗处放置 3min，用硫代硫酸钠标准滴定溶液滴定至淡黄色，加入淀粉指示剂 3mL，继续滴定至溶液的蓝色消失即为终点。

在同样操作条件下进行空白试验。

5. 测定结果计算

$$w(\text{氧乐果})=\frac{c(V_0-V)\times 0.03553}{\frac{0.1}{10}\times m}\times 100\% \qquad (3\text{-}92)$$

式中　w(氧乐果)——氧乐果乳液或原油中氧乐果的质量分数，%；

c——硫代硫酸钠标准滴定溶液的浓度，mol/L；

V——试样测定时硫代硫酸钠标准滴定溶液的体积，mL；

V_0——空白测定时硫代硫酸钠标准滴定溶液的体积，mL；

m——试样质量，g；

0.03553——1/6 氧乐果的毫摩尔质量，g/mmol。

五、薄层色谱-溴化法测定乙酰甲胺膦的含量

1. 测定原理

采用硅胶 G 薄层板，使用三氯甲烷-乙醇-氨水混合溶液作展开剂，通过薄层色谱法将乙酰甲胺膦从乳油中分离出来，刮取乙酰甲胺膦色谱带，然后用溴化法测定。

2. 仪器

① 展开槽；

② 色谱玻璃板　180mm×150mm×3mm；

③ 点样器　吸量管 0.5mL；

④ 玻璃喷雾器；

⑤ 干燥器；

⑥ 碘量瓶　500mL；

⑦ 研钵。

3. 试剂

① 硅胶 G　薄层色谱用；

② 甲醇；

③ 展开剂　三氯甲烷-乙醇-氨水为 10∶3∶1 (体积比)；

④ 碘化钾溶液　30%；

⑤ 稀硫酸溶液 (1∶4) (体积比)；

⑥ 溴酸钾-溴化钾溶液　称取 4.2g 溴酸钾和 40g 溴化钾，溶解于 1000mL 蒸馏水中，

摇匀；

⑦ 硫代硫酸钠标准滴定溶液　0.05mol/L；

⑧ 氯化钯显色剂（0.5%）　称取氯化钯0.5g，用1mL浓盐酸溶液溶解，加蒸馏水稀释至100mL；

⑨ 淀粉指示剂（0.5%）　称取可溶性淀粉1g，加蒸馏水10mL调匀，搅拌下将其缓慢倒入200mL煮沸的蒸馏水中，再微沸2min，冷却至室温，取上层清液备用。

以上所用试剂除另有规定外，均为分析纯试剂。

4. 测定方法

（1）薄层板的制备　采用平铺法制作薄层板（每块板用6～7g硅胶G），水平放置风干后，放入烘箱中控制温度在130℃烘干40min，冷却后取出，贮存于干燥器中备用。

（2）样品溶液的制备　准确称取含乙酰甲胺膦约0.5g（精确至0.2mg）的试样，置于10mL容量瓶中，用甲醇溶解并稀释至刻度，摇匀。

（3）薄层分离　取一块已活化好的薄层板，用点样器吸取0.5mL样品溶液，在距板底边2.5cm处呈直线状点样，点样线两端距薄层板两侧各1.5cm，在距点样线13cm处划出展开上限。风干，除去溶剂后，将薄层板竖直放于被展开剂蒸气饱和的展开槽中，薄层板底部浸入展开剂的深度约为1cm。当展开剂上升至展开的上限时，将薄层板从展开槽中取出，放入通风橱中，在红外灯下（40℃以下）干燥20min，使展开挥发，用喷雾器将氯化钯显色剂喷到薄层板上显色（不能太深）。用刮刀将乙酰甲胺膦谱带（比移值R_f为0.5左右）全部刮入500mL碘量瓶中。

（4）测定　用少量蒸馏水冲洗碘量瓶壁，加蒸馏水至总体积约为80mL，准确移取15.00mL溴酸钾-溴化钾溶液及10mL稀硫酸溶液，立即塞紧瓶塞摇匀，瓶口用少量蒸馏水液封，于(40±1)℃恒温水浴中放置20min后取出碘量瓶，放入冰水浴中冷却5min。取出后，加入30%碘化钾溶液10mL，摇匀，暗处放置3min，用硫代硫酸钠标准滴定溶液滴定至淡黄色，加入0.5%的淀粉指示剂3mL，继续滴定至溶液的蓝色消失，即为终点。并在同样操作条件下进行空白试验。

5. 测定结果计算

$$w(\text{乙酰甲胺膦})=\frac{c(V_0-V_1)\times 0.0305}{m\times\frac{0.5}{10}}\times 100\% \qquad (3\text{-}93)$$

式中　w(乙酰甲胺膦)——乙酰甲胺膦乳液中乙酰甲胺膦的质量分数，%；

c——硫代硫酸钠标准滴定溶液的浓度，mol/L；

V_1——试样测定时硫代硫酸钠标准滴定溶液的体积，mL；

V_0——空白测定时硫代硫酸钠标准滴定溶液的体积，mL；

m——试样质量，g；

0.0305——1/6乙酰甲胺膦的毫摩尔质量，g/mmol。

本法两次平行测定结果的相对偏差应在±1.0%以内。

六、薄层色谱-紫外分光光度法测定多菌灵的含量

1. 测定原理

采用硅胶GF254薄层板，使用苯-丙酮-冰醋酸混合溶液作展开剂，通过薄层色谱法将多菌灵分离出来，刮取多菌灵色谱带，再用紫外分光光度法在281nm处测定。

2. 仪器

① 紫外分光光度计；

② 展开槽；

③ 色谱玻璃板　200mm×200mm；

④ 紫外灯；

⑤ 碘量瓶　150mL；

⑥ 容量瓶　25mL；

⑦ 吸量管　1mL，2mL，5mL；

⑧ 玻璃砂芯过滤漏斗　P_{40}，25mL。

3. 试剂

① 苯；

② 丙酮；

③ 冰醋酸；

④ 多菌灵标准品　含量 99.9%；

⑤ 硅胶 GF254（薄层色谱用）10～40μm；

⑥ 展开剂　苯-丙酮-冰醋酸为 70∶30∶5。

以上所用试剂除另有规定外，均为分析纯试剂。

4. 测定方法

(1) 薄层板的制备（采用倾注法）　称取约 20g 的硅胶 GF254，置于玻璃研钵中，加蒸馏水 43mL，研磨至均匀糊状，立即均匀地倒在一个预先洗净、干燥的（并用乙醇擦过的）200mm×200mm 玻璃板上，轻轻振动，使硅胶在板上均匀分布且无气泡，水平放置晾干后，放入烘箱中控制温度在 130℃烘干 2h，取出冷却至室温后，贮存于干燥器中备用。

(2) 样品溶液的制备　准确称取含多菌灵约 0.5g 的工业多菌灵原粉（精确至 0.2mg），置于 25mL 的容量瓶中，用冰醋酸溶解并稀释至刻度，摇匀。通过 P_{40} 玻璃砂芯过滤漏斗过滤（开始部分的滤液弃去），保存滤液。

(3) 薄层分离　取一块已活化好的薄层板，用点样器吸取 1mL 滤液，在距板底边 3cm 处呈直线状点样，点样线两端距薄层板两侧各 2cm，在距点样线 13cm 处划出展开上限。晾干后，将薄层板竖直放于含有苯-丙酮-冰醋酸（70∶30∶5）混合展开剂并被展开剂蒸气饱和的展开槽中，薄层板底部浸入展开剂的深度约为 1cm。当展开剂前沿上升至展开的上限时，将薄层板从展开槽中取出，待展开剂挥发后，把该板放在紫外灯下，用不锈钢针把呈现暗紫色、R_f 值约为 0.75 的多菌灵谱带区记下来。然后用药匙将这部分硅胶刮入 150mL 碘量瓶中，用移液管准确加入冰醋酸 50.00mL。塞上瓶塞，在电磁搅拌器上搅动 5min，再静置 5min。上述溶液倒入 P_{40} 玻璃砂芯过滤漏斗中，漏斗下放一个 25mL 烧杯，用双连球进行加压过滤（弃去初滤液）。用吸量管准确吸取上述滤液 5.00mL 于 25mL 容量瓶中，用冰醋酸稀释至刻度，混匀。

(4) 测定　将该溶液注入 1cm 石英吸收池中，以冰醋酸作参比，在波长 281nm 处测定吸光度。以同样的操作步骤测量由空白硅胶板的相应区域所制得溶液的吸光度。

5. 测定结果计算

$$w(\text{多菌灵})=\frac{(A-A_b)m_sP}{(A_s-A_b)m}\times 100\% \tag{3-94}$$

式中 w(多菌灵)——多菌灵质量分数，%；

A——在 281nm 处多菌灵样品吸光度；

A_s——在 281nm 处标准品吸光度；

A_b——在 281nm 处空白吸光度；

m——多菌灵试样质量，g；

m_s——标准品质量，g；

P——标准品纯度，%。

两次平行测定差值不得大于 1.4%。

七、紫外分光光度法测定草甘膦的含量

1. 测定原理

草甘膦（N-膦酸甲基甘氨酸）原药溶于水后，在酸性介质中与亚硝酸钠作用生成草甘膦亚硝基衍生物。该化合物在 243nm 处有最大吸收峰，通过测定吸光度可计算出草甘膦的含量。

2. 仪器

① 紫外分光光度计；

② 石英比色皿 1cm；

③ 吸量管 1mL，2mL，5mL；

④ 容量瓶 100mL，250mL；

⑤ 烧杯 200mL；

⑥ 量筒 100mL。

3. 试剂

① 硝酸溶液 1∶1（体积比）；

② 硫酸溶液 1∶1（体积比）；

③ 溴化钾溶液 250g/L；

④ 草甘膦原药；

⑤ 草甘膦标准样品 含量不小于 99.8%（质量分数）；

⑥ 亚硝酸钠溶液（14g/L） 准确称取约 0.28g（精确至 0.2mg）亚硝酸钠，溶于 20mL 蒸馏水中。

以上所用试剂除另有规定外，均为分析纯试剂。

4. 测定方法

（1）标准曲线的绘制

① 标准样品溶液的配制 准确称取草甘膦标准样品约 0.3g（精确至 0.2mg），置于 200mL 烧杯中，加入蒸馏水 60mL，缓慢加热溶解，冷却至室温，定量转移至 250mL 容量瓶中，稀释至刻度，摇匀。此溶液使用时间不得超过 20 天。

② 亚硝基化 准确移取草甘膦标准样品溶液 0.80mL、1.10mL、1.40mL、1.70mL、2.00mL 于 5 个 100mL 容量瓶中，同时另取 1 个 100mL 容量瓶做试剂空白。在上述各容量瓶中分别加入 5mL 蒸馏水、0.5mL 硫酸溶液、0.1mL 溴化钾溶液和 0.5mL 亚硝酸钠溶液，加入亚硝酸钠溶液后应立即将塞子塞紧，充分摇匀。在 15℃ 以上放置 20min，然后由蒸馏水稀释至刻度，摇匀，最后将塞子打开，放置 15min。

③ 吸光度测定 接通紫外分光光度计的电源，开启氘灯预热 20min，调节波长在 243nm

处，以试剂空白作参比，用 1cm 石英比色皿进行吸光度测定。

④ 绘制标准曲线　以吸光度为纵坐标，以相应标准样品溶液的体积为横坐标，标出各点后绘出标准曲线。

(2) 草甘膦原药的测定　准确称取约 0.20g（精确至 0.2mg）试样，置于 200mL 烧杯中，加入蒸馏水 60mL，缓慢加热溶解，趁热用快速滤纸过滤，用蒸馏水仔细冲洗滤纸，将滤液接到 250mL 容量瓶中，冷却至室温，用蒸馏水稀释至刻度，摇匀。

准确移取试样溶液 2.00mL 于 100mL 容量瓶中，按（1）中的“亚硝基化”和“吸光度测定”操作步骤进行操作。

5. 测定结果计算

$$w(\text{草甘膦})=\frac{c_1V_1}{c_2V_2}\times100\% \tag{3-95}$$

式中　w(草甘膦)——草甘膦的质量分数，%；

c_1——标准样品溶液中草甘膦的浓度，mg/L；

c_2——试样溶液的浓度，mg/L；

V_1——标准曲线上与试样吸光度相对应的标准样品溶液的体积，mL；

V_2——移取试样溶液的体积，mL。

八、气相色谱法测定敌敌畏的含量

1. 测定原理

敌敌畏（*O*,*O*-二甲基-*O*-2,2-二氯乙烯基磷酸酯）原油用甲苯溶解，可以联苯为内标物，使用 10%硅油 DC550 为填充物的不锈钢色谱柱和热导池检测器，进行气相色谱分离和测定。

2. 仪器

① 气相色谱仪；

② 检测器　热导池；

③ 色谱柱　不锈钢柱，4.0mm×2000mm；

④ 固定相　硅油 DC550-101 白色担体（经王水处理）（60～80 目）为 10：100；

⑤ 载气　氢气。

3. 试剂

① 联苯　色谱纯；

② 甲苯　分析纯。

4. 气相色谱操作条件

① 柱温　174℃（实际温度）；

② 检测温度　180℃（实际温度）；

③ 汽化温度　200℃（实际温度）；

④ 桥流　200mA；

⑤ 载气流速　120mL/min；

⑥ 纸速　10mm/min；

⑦ 衰减　1。

5. 测定方法

(1) 标准曲线的绘制　准确称取联苯 0.16～0.19g（精确至 0.2mg），然后按联苯：敌敌畏为 1∶1.5、1∶1.3、1∶1.1、…、1∶0.5 系列称取敌敌畏标准样。加 1.0mL 甲苯，摇动混溶后，分别进样 4.0μL，制取色谱图，求出敌敌畏与联苯的峰高比。以峰高比为横坐标、质量比为纵坐标，绘制标准曲线或用最小二乘法求出相应的斜率和截距。

(2) 试样测定　准确称取联苯 0.16～0.19g（精确至 0.2mg）和敌敌畏原油 0.19～0.20g（精确至 0.2mg），加 1.0mL 甲苯，摇动混溶后进样 4.0μL，制取色谱图，求出敌敌畏与联苯的峰高比。

6. 测定结果计算

原油中敌敌畏的质量分数用查标准曲线法或通过下列计算得出：

$$w(\text{敌敌畏})=\frac{\left(\frac{ah_i}{h_s}+b\right)m_2}{m_1}\times 100\% \tag{3-96}$$

式中　w(敌敌畏)——原油中敌敌畏的质量分数，%；

a——标准曲线的斜率；

b——标准曲线的截距；

h_i——敌敌畏原油试样的峰高，mm；

h_s——内标物的峰高，mm；

m_1——敌敌畏原油试样质量，g；

m_2——内标物质量，g。

九、气相色谱法测定稻瘟灵的含量

1. 测定原理

稻瘟灵试样用三氯甲烷溶解，以正二十二烷为内标物，用 5%SE-30 为固定液，以不锈钢色谱柱（或玻璃色谱柱）和氢火焰离子化检测器进行气相色谱分离和测定。

2. 仪器

① 气相色谱仪；

② 检测器　氢火焰离子化检测器；

③ 色谱柱　不锈钢柱，3.0mm×1000mm；

④ 固定相　5%SE-30-95%Chromosorb W AW DMCS（60～80 目）；

⑤ 载气　氮气；

⑥ 记录仪　5mV；

⑦ 微量进样器　10μL。

3. 试剂

① 稻瘟灵标准样品　已知含量≥99.0%；

② 正二十二烷　不含有干扰该色谱分析的杂质；

③ 三氯甲烷；

④ 固定液　SE-30；

⑤ 载体　Chromosorb W AW DMCS（60～80 目）；

⑥ 内标溶液　准确称取约 2.2g（精确至 0.2mg）正二十二烷于 1000mL 容量瓶中，用三氯甲烷溶解并稀释至刻度，摇匀；

⑦ 标准样品溶液　准确称取稻瘟灵标准样品约 0.09g（精确至 0.2mg），置于 25mL 具塞玻璃瓶中，用称液管准确加入 20.00mL 内标溶液，摇匀。

4. 色谱柱的制备

(1) 固定液的涂渍　准确称取 0.38g SE-30 固定液于 250mL 烧杯中，加入 38mL 三氯甲烷，用玻璃棒搅拌使其完全溶解。加入 7.0g 载体，轻轻振荡，使之完全浸入溶液中，将烧杯置于红外灯下加热，边加热边振荡烧杯，至溶剂挥发近干。再将烧杯置于 120℃烘箱中放置 2h，取出放在干燥器中，冷却至室温备用。

(2) 色谱柱的填充　将洗净、烘干的不锈钢色谱柱的入口一端接一小漏斗，出口端裹以纱布，用橡皮管接到真空泵上。开启真空泵，从漏斗处分次倒入填充物，同时不断轻敲柱壁，使填充物均匀、紧密地填满色谱柱。取下色谱柱，柱两端塞适量经硅烷化处理的玻璃棉。

(3) 色谱柱的老化　将色谱柱入口端与汽化室相连，出口端暂不接检测器，以 15mL/min 的流量通入载气，分阶段缓慢升温至 250℃，并在此温度下至少老化 48h。降温后，将柱出口端与检测器相连。

5. 气相色谱操作条件

① 温度　柱室 195℃，汽化室 265℃，检测室 265℃；

② 气体流速　载气（N_2）35mL/min，氢气 40mL/min，空气 300mL/min；

③ 灵敏度　2×10^{-9}；

④ 纸速　3mm/min；

⑤ 进样量　1μL；

⑥ 保留时间　稻瘟灵 8.2min，内标物 11.6min。

6. 测定方法

(1) 试样溶液的制备　准确称取稻瘟灵约 0.09g（精确至 0.2mg）的乳油试样，置于 25mL 带塞玻璃瓶中，用移液管准确加入 20.00mL 内标溶液，摇匀。

(2) 测定　待仪器稳定后，连续注入 10μL 稻瘟灵标准样品溶液数针，直至相邻两针峰高比基本稳定（变化在 1.5%以内）后，按照标准样品溶液→试样溶液→试样溶液→标准样品溶液的顺序进样进行气相色谱分析。

7. 测定结果计算

$$w(\text{稻瘟灵})=\frac{r_2 m_1 P}{r_1 m_2}\times100\% \tag{3-97}$$

式中　w(稻瘟灵)——试样中稻瘟灵的质量分数，%；

r_1——标准样品溶液中稻瘟灵与内标物峰高比的平均值；

r_2——试样溶液中稻瘟灵与内标物峰高比的平均值；

m_1——稻瘟灵标准样品的质量，g；

m_2——稻瘟灵试样的质量，g；

P——稻瘟灵标准样品的纯度，%。

两次测定结果相差：30%乳油不应大于 0.8%；40%乳油不应大于 1.0%。

十、气相色谱法测定速灭威的含量

1. 测定原理

速灭威试样用丙酮溶解，以邻苯二甲酸二乙酯为内标物，使用玻璃填充色谱柱和氢火焰离子化检测器，对试样中的速灭威进行气相色谱分离和测定。

2. 仪器

① 气相色谱仪；

② 检测器　氢火焰离子化检测器；

③ 色谱柱　玻璃柱，3.0mm×1000mm；

④ 固定相　OV-101-Chromosorb GAW-DMCS（180～250μm）为5∶95（质量比）；

⑤ 载气　氮气；

⑥ 记录仪　5mV；

⑦ 微量进样器　10μL。

3. 试剂

① 三氯甲烷；

② 丙酮；

③ 速灭威标准样品　已知含量≥99.0%；

④ 内标物　邻苯二甲酸二乙酯，不含有干扰分析的杂质；

⑤ 固定液　OV-101；

⑥ 载体　Chromosorb GAW-DMCS(180～250μm)；

⑦ 内标溶液　称取2.0g邻苯二甲酸二乙酯于200mL容量瓶中，用丙酮溶解并稀释至刻度，摇匀。

以上所用试剂除另有规定外，均为分析纯试剂。

4. 色谱柱的制备

（1）固定液的涂渍　准确称取1.0g OV-101固定液于250mL烧杯中，加入适量（略大于载体体积）三氯甲烷，用玻璃棒搅拌使其完全溶解。缓慢加入20g载体，轻轻振荡，使之完全浸入溶液中并混合均匀，溶剂挥发近干时，再将烧杯置于110℃烘箱中放置1h，取出放在干燥器中，冷却至室温备用。

（2）色谱柱的填充　将一洗净烘干的不锈钢色谱柱的出口一端接一小漏斗，分次把制备好的填充物装入柱内，同时不断轻敲柱壁，直至填到离柱出口1.5cm处为止。将漏斗移至色谱柱的入口，在出口端塞一小团经硅烷化处理的玻璃棉，用橡皮管接到真空泵上，开启真空泵，继续缓慢加入填充物，同时不断轻敲柱壁，使填充物均匀、紧密地填满色谱柱。填充完毕，在入口端也塞一小团经硅烷化处理的玻璃棉，并适当压紧，确保柱内填充物不松动。

（3）色谱柱的老化　将色谱柱入口端与汽化室相连，出口端暂不接检测器，以20mL/min的流量通入载气（N_2），分阶段缓慢升温至180℃，并在此温度下至少老化48h。降温后，将色谱柱出口端与检测器相连。

5. 气相色谱操作条件

① 温度　柱室150℃，汽化室160℃，检测室160℃；

② 气体流速　载气（N_2）80mL/min，氢气80mL/min，空气1000mL/min；

③ 灵敏度　2×10^{-9}；

④ 纸速　3mm/min；

⑤ 进样量　1μL；

⑥ 保留时间　间甲酚0.5min，速灭威2.6min，内标物邻苯二甲酸二甲酯5.0min。

6. 测定方法

（1）标准样品溶液的配制　准确称取0.06g（精确至0.2mg）速灭威标准样品，置于10mL容量瓶中，用移液管准确加入5.00mL内标溶液，用丙酮稀释至刻度，摇匀。

（2）试样溶液的配制　准确称取速灭威试样约0.06g（精确至0.2mg），置于10mL容量瓶中，用配制标准样品溶液的同一支移液管准确加入5.00mL内标溶液，用丙酮稀释至刻度，摇匀。

(3) 测定　在上述色谱操作条件下，待仪器基线稳定后，连续注入1μL标准样品溶液数针，计算各针相对响应值的重复性，待相邻两针的相对响应值变化小于1.0%时，按照标准样品溶液→试样溶液→试样溶液→标准样品溶液的顺序进样进行气相色谱分析。

7. 测定结果计算

将测得的两针试样溶液以及试样前后两针标准样品溶液中速灭威与内标物峰面积之比分别进行平均。

$$w(\text{速灭威})=\frac{r_2 m_1 P}{r_1 m_2}\times 100\% \qquad (3\text{-}98)$$

式中　w（速灭威）——试样中速灭威的质量分数，%；

r_1——标准样品溶液中速灭威与内标物峰面积比的平均值；

r_2——试样溶液中速灭威与内标物峰面积比的平均值；

m_1——速灭威标准样品的质量，g；

m_2——速灭威试样的质量，g；

P——速灭威标准样品的纯度，%。

两次平等测定结果之差应不大于0.9%。

十一、高效液相色谱法测定辛硫磷的含量

1. 测定原理

采用反相高效液相色谱外标法。辛硫磷试样用甲醇溶解，以甲醇与一级纯水混合溶液为流动相，使用YWG-CH（C_{18}）为填充物的不锈钢色谱柱和紫外检测器，对试样中辛硫磷进行高效液相色谱分离和测定。

2. 仪器

① 高效液相色谱仪　具有254nm波长紫外检测器；

② 色谱数据处理机；

③ 色谱柱　4.6mm×150mm不锈钢柱，内装YWG-CH(C_{18})填充物，10μm；

④ 定量进样阀　10μL；

⑤ 微量进样器　10μL。

3. 试剂

① 甲醇；

② 辛硫磷标准样品　已知含量≥99.0%。

4. 高效液相色谱操作条件

① 流动相　甲醇-纯水为75∶25（体积比）；

② 流动相流量　1.0mL/min；

③ 柱温　室温（温差变化应在±2℃以内）；

④ 检测波长　254nm；

⑤ 进样体积　10μL；

⑥ 保留时间　辛硫磷约6min。

以上所用试剂除另有规定外，均为分析纯试剂。

5. 测定方法

（1）标准样品溶液的配制　准确称取辛硫磷标准样品约 0.1g（精确至 0.2mg），置于 25mL 容量瓶中，用甲醇稀释至刻度，摇匀。用吸量管准确吸取此溶液 2.00mL，置于 50mL 容量瓶中，用流动相稀释至刻度，摇匀。

（2）试样溶液的配制　准确称取辛硫磷试样约 0.1g（精确至 0.2mg），置于 25mL 容量瓶中，用甲醇稀释至刻度，摇匀。用吸取标准样品的同一支吸量管准确吸取此溶液 2.00mL，置于 50mL 容量瓶中，用流动相稀释至刻度，摇匀。

（3）测定　在高效液相色谱的操作条件下，待仪器基线稳定后，连续注入数针标准样品溶液，计算各针相对响应值，待相邻两针的响应值变化小于 1.0%后，按照标准样品溶液→试样溶液→试样溶液→标准样品溶液的顺序进样进行分析测定。

6. 测定结果计算

将测得的两针试样溶液以及试样前后两针标准样品溶液中辛硫磷的峰面积分别进行平均。

$$w(\text{辛硫磷})=\frac{A_2 m_1 P}{A_1 m_2}\times 100\% \tag{3-99}$$

式中　w(辛硫磷)——试样中辛硫磷的质量分数，%；

A_1——标准样品溶液中辛硫磷面积比的平均值；

A_2——试样溶液中辛硫磷面积比的平均值；

m_1——辛硫磷标准样品的质量，g；

m_2——辛硫磷试样的质量，g；

P——辛硫磷标准样品的纯度，%。

十二、液相色谱法测定氯氰菊酯乳油中氯氰菊酯的含量

1. 测定原理

将氯氰菊酯乳油溶于含有苯甲酸甲酯（内标）的乙酸乙酯-正己烷混合溶剂中，以乙酸乙酯-正己烷混合溶剂作流动相，在以 SiO_2 为填料的色谱柱上进行正相液相色谱分离和测定。

2. 仪器

① 液相色谱仪　具有紫外可变波长检测器；

② 色谱数据处理机；

③ 色谱柱　4.6mm×200mm 不锈钢柱，内装 Hypersil SiO_2 填充物，5μm；

④ 过滤器　滤膜孔径约 0.45μm；

⑤ 微量进样器　50μL。

3. 试剂

① 正己烷　色谱纯；

② 乙酸乙酯　色谱纯；

③ 流动相　正己烷-乙酸乙酯为 99∶1，用移液管移取乙酸乙酯 10mL 置于 990mL 正己烷中，摇匀，经 0.45μm 过滤膜过滤，超声 15min；

④ 苯甲酸甲酯　不含干扰分析的杂质；

⑤ 内标溶液　准确称取苯甲酸甲酯约 3.8g（精确至 0.2mg），置于 1000mL 容量瓶中，用流动相溶解后，稀释至刻度，摇匀；

⑥ 氯氰菊酯标准样品　已知含量≥98.0%。

4. 液相色谱操作条件

① 流动相　正己烷-乙酸乙酯为 99∶1；

② 流动相流量　1.0mL/min；

③ 柱温　室温（温差变化应在±2℃以内）；

④ 检测波长　278nm；

⑤ 进样体积　10μL；

⑥ 保留时间　苯甲酸甲酯约 4.5min。

5. 测定方法

(1) 标准样品溶液的制备　准确称取氯氰菊酯标准样品约 0.05g（精确至 0.2mg）于 15mL 具塞玻璃瓶中，用移液管移入内标溶液 10mL，摇匀。

(2) 试样溶液的制备　准确称取含氯氰菊酯约 0.05g（精确至 0.2mg）的试样于 15mL 具塞玻璃瓶中，用上述同一支移液管移入内标溶液 10.00mL，摇匀。再用过滤膜过滤，保留滤液。

(3) 测定　在上述液相色谱的操作条件下，待仪器基线稳定后，连续注入数针标准样品溶液，直到相邻两针氯氰菊酯总峰面积与苯甲酸甲酯的峰面积之比的相对变化小于 1.0% 后，按照标准样品溶液→试样溶液→试样溶液→标准样品溶液的顺序进样进行分析测定。

6. 测定结果计算

将测得的两针试样溶液以及试样前后两针标准样品溶液中氯氰菊酯与内标物峰面积之比分别进行平均。

$$w(\text{氯氰菊酯})=\frac{r_2 m_1 P}{r_1 m_2}\times 100\% \tag{3-100}$$

式中　w(氯氰菊酯)——试样中氯氰菊酯的质量分数，%；

r_1——标准样品溶液中氯氰菊酯与内标物峰面积比的平均值；

r_2——试样溶液中氯氰菊酯与内标物峰面积比的平均值；

m_1——氯氰菊酯标准样品的质量，g；

m_2——氯氰菊酯试样的质量，g；

P——氯氰菊酯标准样品的纯度，%。

十三、气相色谱法测定食品中有机磷农药的残留量

利用气相色谱法可以测定食品（粮、菜、油、水果）中有机磷农药（敌敌畏、乐果、马拉硫磷、对硫磷、甲拌磷、稻瘟净、杀螟硫磷、倍硫磷、虫螨磷）的残留量，下面介绍其测定原理及操作。

1. 测定原理

含有机磷的样品在富氢焰上燃烧，以 HPO 碎片的形式放射出波长 526nm 的特征光，这种特征光通过滤光片选择后，由光电倍增管接收，转换成电信号，经微电流放大器放大后，被记录下来。样品的峰高与标准品的峰高相比，计算出样品相当的含量。

2. 仪器

① 气相色谱仪　具有火焰光度检测器；

② 电动振荡器；

③ 具塞锥形瓶　250mL；

④ 分液漏斗　250mL；

⑤ 具塞刻度试管　2mL。

3. 试剂

① 二氯甲烷；

② 无水硫酸钠；

③ 5%硫酸钠溶液；

④ 丙酮；

⑤ 中性氧化铝　色谱用，经300℃活化4h后备用；

⑥ 活性炭　称取20g活性炭用3mol/L盐酸浸泡过夜，抽滤后，用蒸馏水洗至无氯离子，在120℃烘干备用；

⑦ 农药标准溶液　精密称取适量有机磷农药标准品，用苯（或二氯甲烷）先配制成贮备液，放在冰箱中保存；

⑧ 农药标准使用液　临用时用二氯甲烷稀释为使用液，使其浓度为敌敌畏、乐果、马拉硫磷、对硫磷和甲拌磷每毫升各相当于1μg，稻瘟净、倍硫磷、杀螟硫磷和虫螨磷每毫升各相当于2μg。

以上所用试剂除另有规定外，均为分析纯试剂。

4. 色谱条件

(1) 色谱柱　玻璃柱，内径3mm，长1.5～2.0m。

分离和测定敌敌畏、乐果、马拉硫磷和对硫磷的色谱柱：内装涂以2.5%SE-30和3%QF-1混合固定液的60～80目ChromosorbW AW DMCS。或内装涂以1.5%OV-17和2%QF-1混合固定液的60～80目Chromosorb W AW DMCS。或内装涂以2%OV-101和2%QF-1混合固定液的60～80目Chromosorb W AW DMCS。

分离和测定甲拌磷、虫螨磷、稻瘟净、倍硫磷和杀螟硫磷的色谱柱：内装涂以3%PEGA和5%QF-1混合固定液的60～80目Chromosorb W AW DMCS。或内装涂以2%NPGA和3%QF-1混合固定液的60～80目Chromosorb W AW DMCS。

(2) 气流速率　载气为氮气80mL/min；空气50mL/min；氢气180mL/min（氮气和空气、氢气之比按各仪器型号不同，选择各自的最佳比例条件）。

(3) 温度　进样口220℃；检测器240℃；柱温180℃，但测定敌敌畏为130℃。

5. 测定方法

(1) 提取与净化

① 蔬菜　将蔬菜切碎混匀，称取10g混匀的样品，置于250mL具塞锥形瓶中，加30～100g无水硫酸钠（根据蔬菜含水量）脱水，剧烈振摇后如有固体硫酸钠存在，说明所加无水硫酸钠已够。加0.2～0.8g活性炭（根据蔬菜色素含量）脱色。加70mL二氯甲烷，在振荡器上振摇0.5h，经滤纸过滤。量取35mL滤液，在通风橱中室温下自然挥至近干，用二氯甲烷少量多次研洗残渣，移入10mL（或5mL）具塞刻度试管中，浓缩并定容至2mL，备用。

② 稻谷　脱壳、磨粉、过20目筛、混匀。称取10g，置于具塞锥形瓶中，加入0.5g中性氧化铝及20mL二氯甲烷，振摇0.5h，过滤，滤液直接进样。如农药残留量过低，则加30mL二氯甲烷，振摇过滤，量取15mL滤液，浓缩并定容至2mL，进样。

③ 小麦、玉米　将样品磨粉、过20目筛、混匀。称取10g置于具塞锥形瓶中，加入0.5g中性氧化铝、0.2g活性炭及20mL二氯甲烷，振摇0.5h，过滤，滤液直接进样。如农

药残留量过低，则加 30mL 二氯甲烷，振摇过滤，量取 15mL 滤液，浓缩并定容至 2mL，进样。

植物油：称取 5g 混匀的样品，用 50mL 丙酮分次溶解并洗入分液漏斗中，摇匀后，加 10mL 蒸馏水，轻轻旋转振摇 1min。静置 1h 以上，弃去下面析出的油层，上层溶液自分液漏斗上口倾入另一分液漏斗中，当心尽量不使剩余的油滴倒入（如乳化严重、分层不清，则放入 50mL 离心管中，以 2500r/min 离心 0.5h，用滴管吸出上层溶液）。加 30mL 二氯甲烷、100mL5%硫酸钠溶液，振摇 1min。静置分层后，将二氯甲烷提取液移至蒸发皿中。丙酮水溶液再用 10mL 二氯甲烷提取一次，分层后，合并至蒸发皿中。自然挥发后，如无水，可用二氯甲烷少量多次研洗蒸发皿中残液入具塞量筒中，并定容至 5mL。加 2g 无水硫酸钠振摇脱水，再加 1g 中性氧化铝、0.2g 活性炭（毛油可加 0.5g）振摇脱油和脱色，过滤，滤液直接进样。二氯甲烷提取液自然挥发后如有少量水，可用 5mL 二氯甲烷分次将挥发后的残液洗入小分液漏斗内，提取 1min，静置分层后，将二氯甲烷层分入具塞量筒内，再以 5mL 二氯甲烷提取一次，合并入具塞量筒内，定容至 10mL，加 5g 无水硫酸钠，振摇脱水，再加 1g 中性氧化铝、0.2g 活性炭，振摇脱油和脱色，过滤，滤液直接进样。或将二氯甲烷和蒸馏水一起倒入具塞量筒中，用二氯甲烷少量多次研洗蒸发皿，洗液并入具塞量筒中，以二氯甲烷层为准，定容至 5mL，加 3g 无水硫酸钠，然后如上加中性氧化铝和活性炭依法操作。

(2) 测定　根据仪器灵敏度配制一系列不同浓度的标准溶液。将各浓度的标准液 2～5μL 分别注入气相色谱仪中，可测得不同浓度有机磷标准溶液的峰高。绘制有机磷标准曲线。同时取样品溶液 2～5μL 注入气相色谱仪中，测得的峰高从标准曲线图中查出相应的含量。

6. 测定结果计算

$$w=\frac{m_1}{1000m} \tag{3-101}$$

式中　w——样品中有机磷农药的含量，mg/kg；

m_1——进样体积中有机磷农药的质量，ng；

m——进样体积（μL）相当于样品的质量，g。

习　题

一、简述题

1. 什么是医药？我国最早的一部药学著作是什么？
2. 医药和农药主要采取的分析方法有哪些？
3. 医药和农药分析的任务是什么？
4. 什么是质量标准？质量标准按其等级和使用范围可分为哪些标准？
5. 世界上第一部由政府颁布的药典是什么？我国药物（医药）的国家标准是哪两部？
6. 医药和农药分析检验工作的基本程序包括哪几个步骤？
7. 医药杂质的检验方法有哪些？
8. 简述医药中氯化物检验的原理及检验方法。
9. 简述医药中硫酸盐检验的原理及检验方法。
10. 简述医药中铁检验的原理及检验方法。

11. 简述医药中重金属检验的原理及检验方法。

12. 简述卡尔·费休法测定医药中水分的基本原理。

13. 简述酸量法测定巴比妥类医药含量的基本原理。

14. 简述水解后剩余碱滴定法测定阿司匹林含量的基本原理。

15. 简述非水滴定法测定盐酸丁卡因含量的基本原理。

16. 简述亚硝酸钠滴定法测定磺胺类医药含量的基本原理。

17. 简述溴酸钾滴定法测定异烟肼含量的基本原理。

18. 简述非水滴定法测定生物碱类医药含量的基本原理。

19. 简述碘量法测定维生素 C 含量的基本原理。

20. 简述碘量法测定青霉素类医药含量的基本原理。

21. 简述异烟肼比色法测定甾体激素类医药含量的基本原理。

22. 简述旋光法测定葡萄糖含量的基本原理。

23. 简述高碘酸钠氧化法测定 α-多羟醇类医药含量的基本原理。

24. 简述溴量法测定苯酚含量的基本原理。

25. 简述非水滴定法测定盐酸苯海拉明含量的基本原理。

26. 简述剩余酸碱滴定法测定水合氯醛含量的基本原理。

27. 简述克达尔定氮法测定扑米酮含量的基本原理。

28. 什么是农药？按用途不同，农药可分为哪几类？

29. 简述用蒸馏法测定农药水分的基本原理和测定方法。

30. 简述湿筛法测定农药粉剂细度的基本原理。

31. 简述农药酸度的测定方法。

32. 简述农药可湿性粉剂润湿性的测定原理。

33. 简述酸碱滴定法测定二甲基亚磷酸酯的基本原理。

34. 简述非水滴定法测定杀虫双的基本原理。

35. 简述电位滴定法测定敌百虫有效成分的原理。

36. 简述薄层色谱-紫外分光光度法测定多菌灵的基本原理。

37. 简述紫外可见分光光度法测定草甘膦原药有效成分的基本原理。

38. 简述薄层色谱法测定氧乐果有效成分的基本原理。

39. 简述气相色谱法测定农药有效成分的基本原理。

40. 简述高效液相色谱法测定农药有效成分的基本原理。

41. 简述气相色谱法测定食品中有机磷农药残留量的基本原理。

二、填空题

1. 根据医药质量标准来判断，医药只有________和________两种，________的药品不得生产、不得销售、不得使用，否则都是违法的。

2. 我国具有全国性法律约束力的医药质量标准是________和________。

3. 农药标准按其等级和适用范围分为________和________。国际标准又有________标准和________标准两种。国家标准由各国自行制定。我国的农药标准分为三级：________、________________________和________________________。________为国内最高标准。

4. 医药、农药分析检验工作的基本程序包括五个步骤，它们依次是：样品审查、

________、________、________、________。

5. 医药的杂质检验按照操作方法的不同，可分为以下三种方法，它们分别是：________、________、________。

6. 按用途农药多菌灵属于________剂。粉剂有效成分含量一般小于________%。

7. 农药原药和制剂按物理形态可分为________、________和________。

8. 粉剂通常由________、________和________组成。

9. 农药粉剂细度测定时，两次平行测定结果之差应在________以内。

10. 农药乳剂稳定性测定时，水浴的温度应控制在________℃。

11. 玻璃电极在使用前，需在蒸馏水中浸泡________ h。

12. 电位滴定法测定敌百虫含量时，所用的硝酸溶液的浓度（体积比）是________。

13. 用紫外可见分光光度法测定草甘膦原药时，取的测定波长是________ nm，亚硝基化反应的温度不能低于________℃。

14. 薄层色谱法测定氧乐果含量时，选用的展开剂是________。

第四章　食品添加剂的分析

学习目标

1. 掌握食品添加剂的定义和常用添加剂的结构特点。
2. 掌握常用食品添加剂栀子黄、红曲色素、甜蜜素、紫胶红色素的测定原理及方法。
3. 了解食品添加剂三聚磷酸钠中氟化物的含量、饮料中咖啡因的测定原理和方法。

第一节　概　述

一、食品添加剂的定义和分类

1. 食品添加剂的定义

《食品添加剂卫生管理办法》（2002 年）中规定，食品添加剂指“为改善食品品质和色、香、味以及根据方法或加工工艺的需要而加入食品中的化学合成或天然物质。”

世界各国对食品添加剂的定义不尽相同，因此所规定的添加剂种类也不尽相同。如某些国家，包括欧共体各国和联合国食品添加剂法典委员会（CCFA）在内，在食品添加剂的定义中明确规定：“不包括为改进营养价值而加入的物质”，而美国联邦法规（CFR）中则不但包括营养物质，还包括各种间接使用的添加剂（如包装材料、包装容器及放射线等）。

食品添加剂可以是一种或多种物质的混合物，它们中大多数并不是食品原料固有的物质，而是在生产、贮存、包装、使用等过程中在食品中为达到某一目的而有意添加的物质。食品添加剂一般都不能单独作为食品来食用，它的添加量有严格的控制，而且为取得所需效果的添加剂量也很小。

2. 食品添加剂的分类

目前，国际上对食品添加剂的分类尚未有统一的标准。按其功能分，我国在食品添加剂卫生使用标准（GB 2760—1996）中将其分为 22 类：酸度调节剂、抗结剂、消泡剂、抗氧化剂、漂白剂、膨松剂、胶母糖基础剂、着色剂、护色剂、乳化剂、酶制剂、增味剂、面粉处理剂、被膜剂、水分保持剂、营养强化剂、防腐剂、稳定剂和凝固剂、甜味剂、增稠剂、其他食品添加剂和食用香料。按其来源可分为天然物质、化学物质和半天然物质等。天然食品添加剂是利用动植物或微生物的代谢产物等为原料，经提取制得的。化学合成的食品添加剂是通过化学反应等制成的。

3. 食品添加剂的管理

国际上食品添加剂的研究、开发、应用由联合国粮食与农业组织（FAO）和世界卫生组织（WHO）加以管理，其中设有联合国食品标准委员会（CAC）（标准委员会下还设有各种食品标准委员会），其中负责世界通用食品添加剂标准的是食品添加剂标准委员会（CCFA），同时还设立了联合食品添加剂专家委员会（JECFA）、联合食品标准委员会及联合食品添加剂标准委员会等重要的咨询机构。国际上对食品添加剂有一套比较严密的评价程序，先由各国政府或生产部门将有关食品添加剂的信息传递给有关食品添加剂的国际组织，然后国际组织将毒理学结论、允许使用量、质量标准等再反馈给各国政府以征求意见，进而成为国家的统一意见。

二、食品添加剂的使用要求和管理

作为食品添加剂使用的物质，其最重要的是使用的安全性，其次是其工艺功效。食品添加剂必须满足以下要求。

① 食品添加剂应有规定的名称，需经过严格的毒理学鉴定程序，保证在规定使用限量范围内对人体无害。

② 严格的质量标准，有害杂质不得检出或不能超过允许限量。

③ 进入人体后，能参与人体正常的物质代谢，或能经过正常解毒过程排出体外，或不被吸收而全部排出体外，不能在机体内形成对人体有害的物质。

④ 对食品的营养成分不能有破坏作用，也不应影响食品的质量及品质。

⑤ 应具有用量小、功效明显的特点。能真正提高食品的内在质量和感觉性质。

⑥ 使用安全、方便。

⑦ 添加于食品后能分析鉴定出来。

三、食品添加剂的使用标准

评价食品添加剂的毒性，首要标准是每日允许摄入量（Acceptable Daily Intake，ADI），ADI值指人一生连续摄入某种物质而不致影响健康的每日最大允许摄入量，以每日每千克体重摄入的毫克数表示，单位为 mg/kg。ADI是由动物长期毒性试验所取得的最大无作用量（MNL）数据与安全系数外推得出的。安全系数通常为 1/500～1/100。

判断食品添加剂的第二常用指标是半数致死量（50%Lethal Dose，LD_{50}），也称致死中量。通常是指能使一群被试验动物中毒死亡一半所需的最低剂量，其单位是 mg/kg 体重。对食品添加剂，主要指经口的半数致死量。

四、食品添加剂的毒性学评价

对食品添加剂进行毒性学评价的目的是鉴定其安全性或毒性。通过毒理学评价，可确定准用的食品添加剂在食品中无害的最大限量，提出对有害物质禁用或放弃的理由，为制定食品添加剂使用的卫生标准及有关法规提供依据。

食品添加剂的毒理学评价的主要内容如下。

① 食品添加剂的化学结构、理化性质、纯度、在食品中的存在形式及其降解过程和降解产物。

② 食品添加剂随同食品进入机体后，在组织器官内的贮留分布、代谢转变及排泄情况。

③ 食品添加剂及其代谢产物在机体内引起的生物学变化，即对机体可能造成的毒害及其机理。包括急性毒性、慢性毒性、对生育繁殖的影响、胚胎毒性、致畸性、致突变性、致癌性、致敏性等。

第二节　食品中栀子黄的测定

栀子黄作为食品着色剂已经列入 GB 2760—1996 食品添加剂使用卫生标准，最大使用量 0.3g/kg。

本标准规定了食品中栀子黄色素的高效液相测定方法和薄层色谱测定方法。

本标准适用于饮料、酒、糕点中栀子黄的测定。

一、高效液相色谱法

1. 原理

样品中栀子黄经提取净化后，用高效液相色谱法测定，以保留时间定性、峰高定量，栀子苷是栀子黄的主要成分，为对照品。

2. 试剂

试剂均为分析纯，水为蒸馏水。

① 甲醇；

② 石油醚　60～90℃；

③ 乙酸乙酯；

④ 三氯甲烷；

⑤ 姜黄色素；

⑥ 栀子苷；

⑦ 栀子苷标准溶液　称取 2.75mg 栀子苷标准品，用甲醇溶解，并用甲醇稀释至 100mL，混匀，即得 27.5μg/mL 栀子苷；

⑧ 栀子苷标准使用液　分别吸取栀子苷标准溶液 0mL、2.0mL、4.0mL、6.0mL、8.0mL 于 10mL 容量瓶中，加甲醇定容至 10mL，即得 0μg/mL、5.5μg/mL、11.0μg/mL、16.5μg/mL、22.0μg/mL 的栀子苷标准系列溶液。

3. 仪器

① 小型粉碎机；

② 恒温水浴；

③ 高效液相色谱系统　Water's M501 泵，U6K 进样器，岛津 RF-535，荧光检测器，Blue chip/PC 计算机和 Baseline 810 色谱控制程序。

4. 分析步骤

(1) 样品处理

① 饮料　将样品温热，搅拌除去二氧化碳或超声脱气，摇匀后，通过微孔滤膜 0.4μm 过滤，滤液备作 HPLC 分析用。

② 酒　样品通过微孔滤膜过滤，滤液备作 HPLC 分析用。

③ 糕点　称取 10g 样品放入 100mL 的圆底烧瓶中，用 50mL 石油醚加热回流 30min，置室温。砂芯漏斗过滤，用石油醚洗涤残渣 5 次，洗液并入滤液中，减压浓缩石油醚提取液，残渣放入通风橱至无石油醚味。用甲醇提取 3～5 次，每次 30mL，直至提取液无栀子黄颜色，用砂芯漏斗过滤，滤液通过微孔滤膜过滤，滤液贮于冰箱备用。

(2) 测定

① HPLC 参考条件

a. 色谱柱　粒度 5μm，ODS C18150mm×4.6mm；

b. 流动相　甲醇：水（35：65）；

c. 流速　0.8mL/min；

d. 波长　240nm。

② 标准曲线　在本试验条件下，分别注入栀子苷标准使用液 0μL、2μL、4μL、6μL、8μL，进行 HPLC 分析，然后以峰高对栀子苷浓度作标准曲线。

③ 样品测定　在试验条件下，注入 5μL 4（1）项下的样品处理液，进行 HPLC 分析，取其峰与标准比较，测得样品中栀子苷含量。

5. 结果

（1）计算　按下式计算。

$$X=\frac{AV}{m\times 1000} \tag{4-1}$$

式中　X——样品中栀子黄色素的含量，g/kg；

A——进样液中栀子苷的含量，μg；

V——样品制备液体积，mL；

m——样品质量，g。

（2）本标准的检测限、回收率、精密度　本方法栀子苷的检测限为 3.2μg/mL，栀子黄色素浓度在 0.2～0.3g/kg 范围内，饮料、酒、蛋糕回收率分别为 94.1%、92%、91.3%。相对标准差（RSD）：2.69%，4.70%，3.20%。

二、薄层色谱法

1. 原理

样品中栀子黄色素用有机溶剂提取，并经过纯化处理，去除干扰物质，浓缩点样展开后，在 UV254nm 灯下呈黑色斑点，与标准比较进行定性及概略定量。

2. 试剂

所用试剂均为分析纯，水为蒸馏水。

① 甲醇；

② 乙醇；

③ 乙酸乙酯；

④ 丙酮；

⑤ 甲酸；

⑥ 三氯甲烷；

⑦ 硅胶 GF254　薄层色谱用；

⑧ 展开剂　乙酸乙酯-丙酮-甲醇-水（5∶5∶1∶1）；

⑨ 展开剂　三氯甲烷-甲醇（6∶3）。

3. 仪器

① 全玻璃浓缩器；

② 薄层板涂布器；

③ 玻璃板　4cm×20cm，20cm×20cm；

④ 展开槽；

⑤ UV254nm 荧光灯；

⑥ 微量注射器。

4. 操作方法

（1）样品处理　将酒、饮料、蛋糕样品处理后，进行 TLC 检识。

① 酒　取样品 100mL，减压浓缩至无酒味，然后用乙酸乙酯萃取，每次 30mL，萃取

3～5 次，至无栀子黄颜色为止，合并萃取液，减压浓缩至无乙酸乙酯味。约剩 20mL 为止，此液留作薄层分析用。

② 饮料　取样品 100mL，用乙酸乙酯萃取，每次 50mL，萃取 3～5 次，至无栀子黄颜色为止。合并萃取液，减压浓缩至无乙酸乙酯味，约剩 20mL，此液留作薄层分析用。

③ 蛋糕　称取 10.0g 已粉碎均匀的样品，加海沙少许，混匀，用热风吹干样品（用手摸已干燥即可），加入 50mL 石油醚搅拌，放置片刻，弃去石油醚，如此反复处理三次，以除去脂肪，吹干后研细，放入索式提取器，用甲醇提取色素，直到无栀子黄色素为止，直至色素全部提完，置水浴浓缩至约 5mL，此液留作薄层色谱用。

（2）测定

① 点样　取市售硅胶 GF 254 荧光板，离板底边 2cm 处点样品提取液 0.5μL，板的右边点 2μL 栀子黄色素标准溶液。

② 展开　将①已点好样和标准板用 2⑧、2⑨展开剂展开，待栀子黄色素明显分开后取出，晾干，与标准斑点比较，栀子黄 R_f 值为 0.64 和 0.50，而姜黄色素为 0.11 和 0.15。样品与标品斑点的 R_f 值一致，则证明样品中的色素为栀子黄色素。

第三节　红曲色素的测定

红曲色素作为食品着色剂，需要按正常需要量加入。超标对人体有一定的影响。先制定标准 TLC（薄层色谱）板，用色谱柱层分离去掉干扰物，方法具有快速、准确的优点。

一、测定原理

样品中红曲色素经提取、净化后，TLC 分离，与标准 TLC 板比较定性，选用分配系数在两相中不同而达到分离的目的。

本法规定了用薄层色谱方法测定食品中红曲色素。

本法适用于食品中红曲色素的测定。

二、试剂

① 硅胶　柱色谱用，120～180 目；

② 硅胶 GF254；

③ 甲醇；

④ 正已烷-醋酸乙酯-甲醇（5∶3∶2）；

⑤ 氯仿-甲醇（8∶3）；

⑥ 海沙　先用 1∶10 盐酸煮沸 15min，用水洗至中性，再于 105℃干燥，贮于具塞的玻璃瓶中，备用；

⑦ 石油醚　沸程 60～90℃；

⑧ 红曲色素的标准溶液　取 1g 红曲色素，加入 30mL 甲醇溶解，然后加入 5g 硅胶，拌匀，装入硅胶色谱柱中（湿法装柱），将拌有硅胶的红曲色素装在柱顶，后用甲醇洗脱；直至洗脱下来的甲醇无色为止，然后减压浓缩至膏状，于 60～70℃烘箱中烘干，约剩下 0.89g 的红曲色素作为薄层分析用标准品，用甲醇配成 1mg/mL 的标准溶液；

⑨ 红曲色素标准使用液　临用时吸取标准溶液 5.0mL，置于 50mL 容量瓶中，加甲醇稀释至刻度，此溶液每毫升相当于 0.1mg 红曲色素。

三、仪器

① 微量注射器　10μL；

② 展开槽　25cm×6cm×4cm；

③ 薄层板　市售硅胶 GF254 板；

④ 色谱柱；

⑤ 接收瓶；

⑥ 全玻璃浓缩器；

⑦ 真空泵。

四、操作方法

1. 样品处理

(1) 配制酒　取 10mL 样品，于水浴上挥干，加少量乙醇溶解残渣，进行薄层分析。

(2) 蛋糕　取 30.0g 蛋糕，搅碎，加海沙少许，混匀，用热风机吹干样品，加入 30mL 石油醚去脂肪，重复 3～5 次，弃去石油醚，然后将蛋糕渣放入通风橱中，残余石油醚自然挥除后，放入蒸馏瓶中，加 95%乙醇约 90mL，回流 30min，过滤，用乙醇洗涤 5 次，合并提取液，将提取液浓缩至 20mL。此液留作测定用。

(3) 市售豆腐乳　取豆腐乳 30g，搅碎，加 95%的乙醇 50～70mL，提取回流 30min，过滤，用乙醇洗涤残渣 5 次，合并乙醇提取液，减压浓缩至 20mL，此液留作测定用。

(4) 火腿肠　称取 30g 火腿肠，捣碎，加海沙少许，混匀，每次加入 50mL 石油醚提取脂肪，共提取三次，每次提取 45min，过滤，滤液弃去，残渣放通风橱中，用吹风机吹干，用 50mL 甲醇提取红曲色素 30min，共 3 次，过滤，合并滤液，滤液中加入 3mL 的钨酸钠溶液沉淀蛋白，弃去蛋白，滤液减压浓缩至 10mL，此液供测定用。

2. 测定

(1) 点样　取市售硅胶 GF254 板（4cm×20cm），离底边 2cm 处，点上述样品溶液 10μL，同时在右边点 2μL 色素标准溶液。

(2) 展开　将上述已点上样品与标准品的两块板分别放入试剂正己烷-醋酸乙酯-甲醇 (5∶3∶2) 和正己烷-醋酸乙酯-甲醇（5∶3∶2）中展开，待展开剂前沿至 15cm 处，取出，放入通风橱，晾干，在 UV254nm 下观察，试剂正己烷-醋酸乙酯-甲醇（5∶3∶2）得到 4 个点，R_f 值分别分 0.86、0.71、0.54、0.38，试剂正己烷-醋酸乙酯-甲醇（5∶3∶2）得到 3 个点，R_f 值分别为 0.86、0.69、0.57。样品与标品斑点的 R_f 值一致，则证明样品的色素为红曲色素。

第四节　饮料中咖啡因的测定

咖啡因（caffeine）又名咖啡碱，属甲基黄嘌呤化合物，化学名称为 1,3,7-三甲基黄嘌呤，具有提神醒脑等刺激中枢神经作用，但易上瘾。为此，各国制定了咖啡因在饮料中的食品卫生标准。美国、加拿大、阿根廷、日本、菲律宾规定饮料中咖啡因的含量不得超过 200mg/L，前南斯拉夫规定不得超过 120mg/L，到目前为止，我国仅允许咖啡因加入到可乐型饮料中，其含量不得超过 150mg/kg，为了加强食品卫生监督管理，建立咖啡因的标准测定方法十分必要。

紫外分光光度法和高效液相色谱法（HPLC）是可乐型饮料、咖啡和茶叶以及制成品中咖啡因含量的测定方法。其方法简单、快速、准确。最低检出浓度：紫外分光光度法对可乐型饮料为3mg/L；对咖啡、茶叶及其固体制品为5mg/100g；对咖啡和茶叶的液体制品为5mg/L。HPLC 法对可乐型饮料为0.72mg/L；对茶叶、咖啡及其制品为1.8mg/100g。

本法规定了可乐型饮料、咖啡、茶叶及其制成品中咖啡因含量的测定方法——紫外分光光度法和高效液相色谱法（HPLC）。

本法适用于可乐型饮料、咖啡、茶叶及其制成品中咖啡因的测定。

一、紫外分光光度法

1. 原理

咖啡因的三氯甲烷溶液在276.5nm 波长下有最大吸收，其吸收值的大小与咖啡因浓度成正比，从而可进行定量。

2. 试剂

本法所用试剂均为分析纯试剂，试验用水为蒸馏水。

① 无水硫酸钠；

② 三氯甲烷　使用前重新蒸馏；

③ 1.5%高锰酸钾溶液　称取1.5g 高锰酸钾，用水溶解并稀释至100mL；

④ 亚硫酸钠和硫氰酸钾混合溶液　称取10g 无水亚硫酸钠（Na_2SO_3），用水溶解并稀释至100mL，另取10g 硫氰酸钾，用水溶解并稀释至100mL，然后二者均匀混合；

⑤ 15%（体积分数）磷酸溶液　吸取15mL 磷酸置于100mL 容量瓶中，用水稀释至刻度，混匀；

⑥ 20%（质量体积浓度）氢氧化钠溶液　称取20g 氢氧化钠，用水溶解，冷却后稀释至100mL；

⑦ 20%（质量体积浓度）醋酸锌溶液　称取20g 醋酸锌［$Zn(CH_3COO)_2 \cdot 2H_2O$］，加入3mL 冰醋酸，用水溶解并稀释至100mL；

⑧ 10%（质量体积浓度）亚铁氰化钾溶液　称取10g 亚铁氰化钾［$K_4Fe(CN)_6 \cdot 3H_2O$］，用水溶解并稀释至100mL；

⑨ 咖啡因标准品　含量98.0%以上；

⑩ 咖啡因标准贮备液　根据咖啡因标准品的含量，用重蒸三氯甲烷配制成每毫升相当于0.5mg 咖啡因的溶液，置于冰箱中保存。

3. 仪器

紫外分光光度计。

4. 分析步骤

(1) 样品的处理

① 可乐型饮料　在250mL 的分液漏斗中，准确移入10.0～20.0mL 经超声脱气后的均匀可乐型饮料试样，加入1.5%高锰酸钾溶液5mL，摇匀，静置5min，加入亚硫酸钠和硫氰酸钾混合溶液10mL，摇匀，加入15%磷酸溶液1mL，摇匀，加入20%氢氧化钠溶液1mL，摇匀，加入50mL 重蒸三氯甲烷，振摇100次，静置分层，收集三氯甲烷。水层再加入40mL 重蒸三氯甲烷，振摇100次，静置分层。合并两次三氯甲烷萃取液，并用重蒸三氯甲烷定容至100mL，摇匀，备用。

② 咖啡、茶叶及其固体制成品　在100mL烧杯中称取经粉碎成低于30目的均匀样品0.5～2.0g，加入80mL沸水，加盖，摇匀，浸泡2h，然后将浸出液全部移入100mL容量瓶中，加入20%醋酸锌溶液2mL，加入10%亚铁氰化钾溶液2mL，摇匀，用水定容至100mL，摇匀，静置沉淀，过滤。取滤液5.0～20.0mL按①操作进行，制备成100mL三氯甲烷溶液，备用。

③ 咖啡或茶叶的液体制成品　在100mL容量瓶中准确移入10.0～20.0mL均匀样品，加入20%醋酸锌溶液2mL，摇匀，加入10%亚铁氰化钾溶液2mL，摇匀，用水定容至100mL，摇匀，静置沉淀，过滤。取滤液5.0～20.0mL按①操作进行，制备成100mL三氯甲烷溶液，备用。

(2) 标准曲线的绘制　从0.5mg/mL的咖啡因标准贮备液中，用重蒸三氯甲烷配制成浓度分别为0μg/mL、5μg/mL、10μg/mL、15μg/mL、20μg/mL的标准系列，以0μg/mL作参比管，调节零点，用1cm比色杯于276.5nm下测量吸光度，作吸光度-咖啡因浓度的标准曲线或求出直线回归方程。

(3) 样品的测定　在25mL具塞试管中，加入5g无水硫酸钠，倒入20mL样品的三氯甲烷制备液，摇匀，静置。将澄清的三氯甲烷用1cm比色杯于276.5nm测出其吸光度，根据标准曲线（或直线回归方程）求出样品的吸光度相当于咖啡因的浓度c(μg/mL)，同时用重蒸三氯甲烷做试剂空白。

5. 结果

① 计算

可乐型饮料中咖啡因含量w(mg/L)：

$$w=\frac{(c-c_0)\times 100}{V}\times\frac{1000}{1000} \tag{4-2}$$

咖啡、茶叶及其固体制成品中咖啡因含量（mg/100g）：

$$w=\frac{(c-c_0)\times 100\times 100\times 100}{V_1 m\times 1000} \tag{4-3}$$

咖啡、茶叶及其液体制成品中咖啡因含量（mg/L）：

$$w=\frac{(c-c_0)\times 100\times 100\times 1000}{V_1 V\times 1000} \tag{4-4}$$

式中　c——样品吸光度相当于咖啡因浓度，μg/mL；

c_0——试剂空白吸光度相当于咖啡因浓度，μg/mL；

m——称取样品的质量，g；

V——移取样品的体积，mL；

V_1——移取样品处理后水溶液的体积，mL。

② 在本试验条件下，本法仪器检出限为0.2μg/mL，方法检出限可乐型饮料为3mg/L，咖啡、茶叶及其固体制成品为5mg/100g，咖啡或茶叶的液体制品为5mg/L。

标准曲线线性范围：0～30.0μg/mL。

相关系数：0.999。

方法回归率：90.1%～101.8%。

相对标准偏差：小于4.0%。

③ 允许差　同一实验室平行测定或重复测定结果的相对偏差绝对值：可乐型饮料为

10%，咖啡、茶叶及其制品为 15%。

二、高效液相色谱法（HPLC）

1. 原理

咖啡因的甲醇液在 286nm 波长下有最大吸收，其吸收值的大小与咖啡因浓度成正比，从而可进行定量。

2. 试剂

① 甲醇 HPLC 试剂；

② 乙腈 HPLC 试剂；

③ 三氯甲烷 分析纯（必要时需重蒸）；

④ 超纯水（18.2MΩ）；

⑤ 无水硫酸钠 分析纯；

⑥ 氯化钠 分析纯；

⑦ 咖啡因标准品 纯度 98%以上。

3. 仪器和设备

① 液相色谱；

② 色谱柱 BondapakTMC18(30cm×3.9mmid)；

③ 预柱 RESAVETMC18；

④ 超声清洗器（CQ250）；

⑤ 混纤微孔滤膜。

4. 分析步骤

(1) 样品的处理

① 可乐型饮料

a. 脱气 样品用超声清洗器在 40℃下超声 5min。

b. 过滤 取脱气试样 10.0mL，通过混纤微孔滤膜过滤，弃去最初的 5mL，保留后 5mL，备用。

② 咖啡、茶叶及其制成品 称取 2g 已经粉碎且小于 30 目的均匀样品或液体样品放入 150mL 烧杯中，先加 2～3mL 超纯水，再加 50mL 三氯甲烷，摇匀，在超声处理机上萃取 1min（30s 两次），静置 30min，分层。将萃取液倾入另一 150mL 烧杯。在样品中再加 50mL 三氯甲烷，重复上述萃取操作步骤，弃去样品，合并两次萃取液，加入少许无水硫酸钠和 5mL 饱和氯化钠，过滤，滤入 100mL 容量瓶中，用三氯甲烷定容至 100mL。最后取 10mL 滤液按 4（1）①b. 操作进行。

(2) 色谱条件

① 流动相 甲醇-乙腈-水＝57∶29∶14（每升流动相中加入 0.8mol/L 醋酸液 50mL）；

② 流动相的流速 1.5mL/min；

③ 进样 可乐型饮料 10μL，茶叶、咖啡及其制成品 5～20μL。

(3) 标准曲线的绘制 用甲醇配制成咖啡因浓度分别为 0μg/mL、20μg/mL、50μg/mL、100μg/mL、150μg/mL 的标准系列，然后分别进样 10μL，于波长 286nm 处测量峰面积，作峰面积-咖啡因浓度的标准曲线或求出直线回归方程。

(4) 样品测定 从试样中吸取可乐饮料 10μL 或咖啡、茶叶及其制品 5mL 进样，于 286nm 处测其峰面积，然后根据标准曲线（或直线回归方程）得出样品的峰面积相当于咖

啡因的浓度 c(μg/mL)。同时做试剂空白。

5. 结果

① 计算

$$\text{可乐型饮料中咖啡因含量(mg/L)} = c \tag{4-5}$$

$$\text{咖啡、茶叶及其制成品中咖啡因含量(mg/100g)} = \frac{100c}{F} \tag{4-6}$$

式中　F——进样量是 5μL 的倍数。

② 在本试验条件下，本法仪器检出限为 0.72μg/mL，方法检出限：可乐型饮料为 0.72mg/L，咖啡、茶叶及其制品为 1.8mg/100g。

标准曲线线性范围：0～150.0μg/mL。

相关系数：0.999。

方法回收率：91.9%～105.8%。

相对标准偏差：小于 2%。

③ 允许差　同一实验室平行测定或重复测定结果的相对偏差绝对值可乐型饮料为 5%。

第五节　三聚磷酸钠中氟化物含量的测定

一、原理测定

将试样溶解于盐酸溶液中，加入离子强度调节缓冲溶液，用氢氧化钠或盐酸溶液调节 pH 至 5.5±0.1，用氟离子选择电极直接电位法测定溶液中解离的氟离子，由校准曲线查得氟化物的浓度。

本法规定了食品添加剂三聚磷酸钠中氟化物含量的测定方法。

本法适用于氟化物含量（以氟计）5～50mg/kg 的产品。

二、试剂

分析中应使用去离子水，其电导率应小于 2×10^{-7}S/cm；使用的试剂应为分析纯以上，配制的试剂溶液用氟离子选择电极测试，其氟含量应低于校准曲线的最低点。去离子水和试剂溶液应贮存于聚乙烯塑料瓶中。

① 盐酸（GB 622）$c(HCl)=1$mol/L 溶液；

② 柠檬酸钠（HG 3-1298）$c(Na_3C_6H_5O_7 \cdot 2H_2O)=1$mol/L 溶液；

③ 乙二胺四乙酸二钠（FDTA）（GB 1401）　c(EDTA)=0.2mol/L 溶液；

④ 氟化钠（GB 1264）　优级纯，含氟 5μg/mL 标准溶液。

称取 2.2100g 预先在 110℃干燥 2h 的氟化钠于 400mL 烧杯中，加入 200mL 水，搅拌使其溶解。用水定量转移至 1000mL 容量瓶中，并稀释至刻度，混匀。将此溶液转移至洁净干燥的塑料瓶中贮存。此溶液含氟 1mg/mL。使用前吸取上述溶液 5.0mL 至 1000mL 容量瓶中，用水稀释至刻度，混匀，此溶液含氟 5μg/mL。

三、仪器

① 电位计　精度 2mV/1000mV，测量范围 0±1500mV；

② 氟离子选择性电极；

③ 单液接甘汞电极　232 型或相当的电极；

④ 玻璃电极　231型或相当的电极；

⑤ 精密酸度计　分度0.02pH单位，如PHS-2型或相当的仪器；

⑥ 聚四氟乙烯塑料杯　125mL，250mL。所用玻璃仪器应为用含氟低的硬质玻璃或95玻璃制作的。

四、试验过程

（1）校准曲线的绘制　分别吸取1.0mL、2.0mL、3.0mL、5.0mL、10.0mL氟化钠标准溶液至五个250mL塑料杯中（每杯中分别含氟5μg、10μg、15μg、25μg、50μg），向各杯依次加入50mL水、5mL盐酸、10mL柠檬酸钠溶液和10mLEDTA溶液，混合。将各杯中溶液分别定量转移至100mL容量瓶中，用水分次冲洗塑料杯，并转移至容量瓶使至刻度，混匀。此溶液的pH应为5.5±0.1。按仪器使用说明书准备好仪器。取上述溶液各50mL至125mL塑料杯中，以氟离子选择性电极为响应电极、单液接甘汞电极为参比电极，按氟浓度由低到高的顺序测定各溶液的电极电位值。在半对数坐标纸上，以对数坐标定浓度（μgF/100mL）、十进坐标定电位值，绘制电位/浓度对数（E/lg$c$）校准曲线。

（2）测定　称取1.00g试样至150mL玻璃烧杯内，加入10mL水，在连续搅拌下，慢慢地加入20mL盐酸溶解样品。迅速煮沸1min，用冰水迅速冷却至室温。依次加入15mL柠檬酸钠溶液和10mLEDTA溶液，混合。必要时用盐酸或氢氧化钠溶液（1mol/L）调节pH至5.5±0.1。然后，用水定量转移溶液至100mL容量瓶中，并稀释至刻度，混匀。取此溶液50mL至125mL塑料杯中，按（1）测得试验溶液的电位值。从校准曲线上查得样品的含氟量，以微克氟计。

五、试验结果表示

样品中的氟化物含量以毫克氟每千克（mgF/kg）表示。取两个平行测定值的平均值作为结果。平行测定结果之差应不大于3mg/kg。

第六节　紫胶红色素的测定

本法适用于以紫胶为原料用钙盐法生产的紫胶红色素。紫胶红色素可作为食品着色剂。

一、技术要求

1. 外观

本品为鲜红色粉末。

2. 粒度

本品80目100%通过。

3. 项目和指标（见表4-1）

表4-1　项目和指标

项　目	指　标	项　目	指　标
干燥失重/%	≤10	铅(Pb)含量/%	≤0.0005
灼烧残渣/%	≤0.8	铜(Cu)含量/%	≤0.0015
水溶液pH	≥3.0	砷(As)含量/%	≤0.0002
吸光度(E)(0.01%溶液,0.5cm比色皿)	≥0.62	汞(Hg)含量/%	≤0.00003

二、试验方法

除特别注明外，试验中所用试剂为分析纯试剂，水为蒸馏水或相应纯度的水，溶液为水溶液，仪器设备为一般实验室仪器设备。

1. 外观及粒度

称取 20g 样品，用肉眼观察颜色，再用 80 目分样筛测定。

2. 鉴别

紫胶红色素为天然有机酸的混合物，20℃时的溶解度为 0.0335g，在 95%乙醇中溶解度为 0.916g，易溶于碳酸氢钠、碳酸钠和氢氧化钠溶液中，在 pH 大于 6 的溶液中易与碱金属之外的金属离子生成水不溶性的色淀。其溶液的颜色随着 pH 的变化而改变，pH 小于 4 为橘黄色，pH4.0～5.0 为橘红色，pH 大于 6 为紫红色。

3. 干燥失重的测定

(1) 测定手续　称取样品 3g (精确至 0.0002g)，置于已在 (105±2)℃烘至恒重的称量瓶内，置于 (105±2)℃烘箱中，烘至恒重。

(2) 计算和结果的表示　干燥失重 X_1 (以质量分数表示) 按式 (4-7) 计算：

$$X_1=\frac{G_1-G_2}{G}\times 100\% \tag{4-7}$$

式中　G_1——称量瓶加样品重，g；

G_2——烘后称量瓶加样品重，g；

G——样品重，g。

4. 灼烧残渣的测定

(1) 测定手续　称取样品 3g (精确至 0.0002g)，置于已在 700～800℃恒重的瓷坩埚中，先低温炭化 (约 300℃)，再高温灰化 (约 500℃)，移入马弗炉中在 700～800℃下灼烧至恒重。

(2) 计算和结果的表示　灼烧残渣 X_2 (以质量分数表示) 按式 (4-8) 计算：

$$X_2=\frac{G_1-G_2}{G}\times 100\% \tag{4-8}$$

式中　G_1——坩埚加残渣重，g；

G_2——坩埚重，g；

G——样品重，g。

5. 水溶液 pH 的测定

(1) 仪器设备　酸度计。

(2) 测定手续　称取样品约 0.034g，室温下，在 150mL 玻璃烧杯中加水 100mL 配成饱和溶液，用酸度计测其 pH。

6. 吸光度的测定

(1) 仪器设备　分光光度计，附 0.5cm 比色皿。

(2) 试剂和溶液

① 无水碳酸钠　1%溶液；

② 盐酸　0.1mol/L 溶液；

③ 邻苯二甲酸氢钾　0.1mol/L 溶液；

④ pH=3.0 缓冲溶液　取 0.1mol/L 邻苯二甲酸氢钾溶液 50mL 于 100mL 容量瓶中，

加入 0.1mol/L 盐酸溶液 22.3mL，再用水稀释至刻度，摇匀。

(3) 测定手续　称取样品 0.1g（精确至 0.0002g），置于 150mL 烧杯中，加入 1%碳酸钠溶液 10mL，搅匀，待色素全部溶完后，倾入 100mL 容量瓶中，用少量水洗涤烧杯，洗涤液并入 100mL 容量瓶中，再用水稀释至刻度，摇匀。取出 10mL 置于 100mL 容量瓶中，用 0.1mol/L 盐酸溶液调 pH 至 3.0 左右，用 pH=3.0 缓冲液稀释至刻度，摇匀，取出稀释液置于 0.5cm 比色皿中，用分光光度计于 490nm 波长处测量吸光度。

7. 铅、铜、砷含量的测定

(1) 试剂和溶液

① 硝酸；

② 硫酸。

(2) 操作方法　称取样品 5g（精确至 0.01g）于凯氏烧杯中，加玻璃珠三粒，加硝酸 10mL，然后小心地缓缓加入硫酸 5mL，待反应缓和后，小心加热至瓶中液体开始变棕色时，逐次滴加硝酸至有机物分解完全，再升高温度，至发生三氧化硫白烟为止，此时溶液应为无色或微带黄绿色，如温度升高后溶液变棕色，应再加硝酸破坏有机质。放冷，小心加水 10mL，煮沸赶走残余的硝酸至瓶内发生三氧化硫白烟，如果需要，则可重复数次以除去残余的硝酸，直至液体变成无色透明为止。放冷，小心将溶液用少量水稀释，转入 50mL 容量瓶中，用水洗涤凯氏烧瓶数次，洗涤液并入容量瓶中，冷却，加水至刻度，摇匀。此液供铅、砷、铜含量测定用。

用同量试剂按上述操作做一份空白。

(3) 铅含量的测定

① 仪器设备　分光光度计，附 2cm 比色皿。

② 试剂和溶液　所用试剂和水必须无铅，如含铅应处理除去。

a. 柠檬酸氢二铵　20%溶液；

b. 盐酸羟胺　20%溶液；

c. 盐酸（10%溶液）　取盐酸 23.5mL，加入水中并稀释至 100mL；

d. 硝酸　1%溶液；

e. 氨水；

f. 三氯甲烷；

g. 95%乙醇；

h. 百里香酚蓝（麝香草酚蓝）(0.1%溶液)　称取麝香草酚蓝 0.1g，溶于 100mL 乙醇中，过滤即得；

i. 氰化钾　10%溶液；

j. 氰化钾-氨水混合液　取 10%氰化钾溶液 20mL 置于 150mL 烧杯中，加入氨水 15mL，用水稀释至 100mL；

k. 二苯基硫卡巴腙（双硫腙）　称取双硫腙 0.1g（精确至 0.0002g）置于 100mL 烧杯中，加少量三氯甲烷使其溶解，溶液倾入 100mL 容量瓶中，用少量三氯甲烷洗涤烧杯三次，洗涤液并入容量瓶中，加三氯甲烷稀释至刻度，摇匀，以此为贮备液，临用时吸取贮备液 5mL、1mL 分别注入 100mL 容量瓶中，加入三氯甲烷分别稀释至刻度，摇匀，两种溶液分别含双硫腙 5mg/100mL、1mg/100mL；

l. 铅标准溶液　按《化学试剂　杂质标准溶液制备方法》配制，含铅 (Pb)0.1mg/mL，临用时吸取此液 10mL 于 1000mL 容量瓶中，加水稀释至刻度，摇匀，此液含铅（Pb）1μg/mL。

③ 标准曲线的绘制　在 6 个分液漏斗中，各加入 1%硝酸溶液 20mL、氰化钾-氨水混合液 4mL，分别用 5mg/100mL 双硫腙三氯甲烷液抽提一次，弃去三氯甲烷层，用少量三氯甲烷洗去残留的双硫腙，直至三氯甲烷液层为无色止，然后顺序加入铅标准液 0.0mL、1.0mL、3.0mL、5.0mL、7.0mL、9.0mL 于 6 个分液漏斗中，分别用 1mg/100mL 双硫腙三氯甲烷液 10mL 抽提一次，振摇 1min，分出三氯甲烷液层置于 2cm 比色皿中，用分光光度计于 510nm 波长处测其吸光度，以试剂空白为零点，绘制标准曲线。

④ 测定手续　准确吸取试样 10mL，置于 125mL 分液漏斗中，加入 20%柠檬酸氢二铵溶液 15mL、20%盐酸羟胺溶液 1mL 及 0.1%麝香草酚蓝溶液 2～4 滴，再加氨水至溶液为蓝绿色，加 10%氰化钾溶液 5mL，再用 10%盐酸溶液调节溶液为草绿色（此时 pH 约为 9），以 5mg/100mL 双硫腙三氯甲烷液 2～3mL 抽提数次，直到最后一次抽提液仍为绿色为止。合并抽提液，用 15mL 水振摇洗涤，分出三氯甲烷液层于第二个分液漏斗内，洗涤水用 5mg/100mL 双硫腙三氯甲烷液 2～3mL 抽提一次，分出三氯甲烷液层并入第二个分液漏斗内。用 1%硝酸溶液 20mL，每次 10mL 提取两次，弃去三氯甲烷液层，合并硝酸提取液于另一个分液漏斗内，用少量三氯甲烷 3～5mL 洗涤酸溶液，至三氯甲烷液层为无色，以除去残留的双硫腙，如果液面有三氯甲烷液滴，开启塞子让其挥发，如果器壁残留三氯甲烷液，则转动漏斗，让其沉于底部后分去，然后加入氯化钾-氨水混合液 4mL、1mg/100mL 双硫腙三氯甲烷液 10mL，振摇 1min，静置分层，用脱脂棉擦净漏斗出口处，分出三氯甲烷液层，经干燥脱脂棉过滤，弃去初滤液，收集滤液于 2cm 比色皿中，用分光光度计于 510nm 波长处测其吸光度，将测定结果与铅标准曲线对照，查得铅含量，同时吸取与样品同时处理的试剂空白液 10mL 与样品同时操作，并在样品结果中减去空白中所测铅含量。

⑤ 计算和结果的表示　铅含量 X_3（以质量分数表示）按式（4-9）计算：

$$X_3(\%)=\frac{A-B}{\frac{1}{5}G}\times 0.0001 \tag{4-9}$$

式中　A——样品溶液相当于铅标准质量，μg；

B——试剂空白相当于铅标准质量，μg；

G——样品重，g。

（4）铜含量的测定

① 仪器设备　分光光度计，附 2cm 比色皿。

② 试剂和溶液

a. 硫酸　1mol/L 溶液；

b. 氨水　6mol/L 溶液；

c. 四氯化碳；

d. 95%乙醇；

e. 百里香酚蓝（麝香草酚蓝）(0.1%溶液)　称取麝香草酚蓝 0.1g 溶于 100mL 乙醇中，过滤即得；

f. 二乙基二硫代氨基甲酸钠（铜试剂）(0.1%溶液)　贮于棕色瓶中，保存冰箱内，可用一周；

g. 乙二胺四乙酸二钠；

h. 柠檬酸氢二铵-乙二胺四乙酸二钠混合液　取柠檬酸氢二铵 20g 及乙二胺四乙酸二钠 5g 溶于 100mL 水中；

i. 铜标准溶液　含铜（Cu）0.1mg/mL，临用时吸取此液 5mL 于 100mL 容量瓶中加水稀释至刻度，摇匀。此液含铜（Cu）为 5μg/mL。

③ 标准曲线的绘制　准确吸取铜标准溶液 0.0mL、1.0mL、2.0mL、3.0mL、4.0mL、5.0mL，分别置于 6 个 125mL 分液漏斗中，各加 1mol/L 硫酸溶液至总体积为 25mL，加柠檬酸氢二铵-乙二胺四乙酸二钠混合液 5mL、0.1%麝香草酚蓝溶液 3 滴，滴加氨水随滴随摇至溶液呈草绿色，冷后加 0.1%二乙基二硫代氨基甲酸钠溶液 5mL、四氯化碳 15mL，猛烈振摇 2min，静置分层后，用脱脂棉擦干分液漏斗颈部，颈内再塞入少量棉花，过滤，弃去初滤液，收集滤液于 2cm 比色皿中，用分光光度计于 440nm 波长处，测其吸光度，以试剂空白为零点，绘制标准曲线。

④ 测定手续　准确吸取试样 10mL，置于 125mL 分液漏斗中，加 1mol/L 硫酸溶液至总体积为 25mL，加柠檬酸氢二铵-乙二胺四乙酸二钠混合液 5mL、0.1%麝香草酚蓝溶液 3 滴，滴加氨水随滴随摇至溶液呈草绿色（pH 约为 9），冷却后加 0.1%二乙基二硫代氨基甲酸钠溶液 5mL、四氯化碳 15mL，猛烈振摇 2min，静置分层后，用脱脂棉擦净分液漏斗颈部，颈内再塞以少量棉花，过滤弃去初滤液，收集滤液于 2cm 比色皿中，用分光光度计于 440nm 波长处测其吸光度，将测定结果与铜标准曲线对照，查得铜含量，同时吸取与样品同时处理的试剂空白液 10mL 与样品同时操作，并在样品结果中减去空白中所测铜含量。

⑤ 计算和结果的表示　铜含量 X_4（以质量分数表示）按式（4-10）计算：

$$X_4(\%)=\frac{A-B}{\frac{1}{5}G}\times 0.0001 \tag{4-10}$$

式中　A——样品溶液相当于铜标准质量，μg；

B——试剂空白相当于铜标准质量，μg；

G——样品重，g。

（5）砷含量的测定

① 仪器设备　分光光度计，附 1cm 比色皿。

② 试剂和溶液

a. 无砷金属锌；

b. 硫酸　1∶1溶液；

c. 碘化钾　15%溶液；

d. 盐酸；

e. 氯化亚锡（40%溶液）　取氯化亚锡 40g，加入盐酸 50mL，溶解后用水稀释至 100mL；

f. 醋酸铅　10%溶液；

g. 醋酸铅棉花　将脱脂棉浸入醋酸铅溶液中，浸透，取出，挤去多余溶液，晾干即成；

h. 三氯甲烷（氯仿）；

i. 三乙醇胺；

j. 二乙基二硫代氨基甲酸银-三氯甲烷-三乙醇胺混合液　取 1g 二乙基二硫代氨基甲酸

银，溶于250mL三氯甲烷中，待溶完后再加入7.5mL三乙醇胺，混匀后备用；

k. 砷标准溶液　含砷（As）0.1mg/mL，临用时准确吸取此液1mL于100mL容量瓶中，用新煮沸的冷水稀释至刻度，摇匀，此液含砷（As）为1μg/mL。

③ 标准曲线的绘制　准确吸取砷标准液（1μg/mL）0.0mL、0.5mL、1.0mL、2.0mL、3.0mL，分别置于砷化氢发生器中，各加水使其总体积为40mL，加入1∶1硫酸溶液10mL、15%碘化钾溶液1mL、40%氯化亚锡溶液2mL，混匀，加入无砷金属锌3g，迅速塞上装有醋酸铅棉花的导气管，并将导气管的管嘴插入盛有二乙基二硫代氨基甲酸银-三氯甲烷-三乙醇胺混合液5mL的量筒中，待气体发生20min后，摇动砷化氢发生器，再过20min取出导气管，量筒中溶液不足5mL，应用二乙基二硫代氨基甲酸银-三氯甲烷-三乙醇胺混合液补足5mL，将此液移入1cm比色皿中，用分光光度计于540nm波长处测其吸光度，以试剂空白为零点，绘制标准曲线。

④ 测定手续　准确吸取试样10mL于砷化氢发生器中，加水至40mL，加1∶1硫酸溶液10mL、15%碘化钾溶液1mL、40%氯化亚锡溶液2mL，混匀，加入无砷金属锌3g，迅速塞上装有醋酸铅棉花的导气管，并将导气管的管嘴插入盛有二乙基二硫代氨基甲酸银-三氯甲烷-三乙醇胺混合液5mL的量筒中，待气体发生20min后，摇动砷化氢发生器，再过20min取出导气管，量筒中溶液若不足5mL，应用二乙基二硫代氨基甲酸银-三氯甲烷-三乙醇胺混合液补足5mL，将此液移入1cm比色皿中，用分光光度计于540nm波长处测其吸光度，将测定结果与砷标准曲线对照，查得砷含量，同时吸取与样品同时处理的试剂空白液10mL，与样品同时操作，并在结果中减去空白中所测得的砷含量。

⑤ 计算和结果的表示　砷含量 X_5（以质量分数表示）按式（4-11）计算：

$$X_5(\%)=\frac{A-B}{\frac{1}{5}G}\times 0.0001 \tag{4-11}$$

式中　A——样品溶液相当于砷标准质量，μg；

B——试剂空白相当于砷标准质量，μg；

G——样品重，g。

8. 汞含量的测定

（1）仪器设备　测汞仪，附配套的20mL硬质玻璃还原瓶。

（2）试剂和溶液

① 硝酸；

② 硫酸　0.5mol/L溶液；

③ 盐酸羟胺　20%溶液；

④ 高锰酸钾　饱和溶液（室温）；

⑤ 盐酸；

⑥ 氯化亚锡（40%溶液）　取氯化亚锡40g，加入盐酸50mL，溶解后用水稀释至100mL；

⑦ 汞标准溶液　含汞（Hg）0.1mg/mL，临用时吸取此液1mL，置于100mL容量瓶中，加0.5mol/L硫酸溶液稀释至刻度，摇匀，再吸取稀释液1mL，置于另一100mL容量瓶中，加0.5mol/L硫酸溶液稀释至刻度，摇匀。此液含汞（Hg）为0.01μg/mL。

（3）样品处理　称取样品5g（精确至0.01g），置于500mL圆底烧瓶中，加玻璃珠三粒，装上冷凝装置，从冷凝管顶部缓缓加入硝酸30mL后，加入浓硫酸10mL，缓缓加热回流3h，稍冷，加盐酸羟胺溶液10mL，再回流加热10min，用少量水洗涤冷凝管，冷却后经玻璃棉过滤入100mL容量瓶中，加水稀释至刻度，摇匀。此液供汞含量测定用。

(4) 标准曲线的绘制

① 仪器调整　将测汞仪放在工作台上，用塑料软管连接还原瓶，接通220V、50Hz交流电源。把“粗调”、“细调”、“校零”旋钮依次逆时针旋到最小位置，“光路切换开关”按到“校正”位置。

开启电源及泵开关，预热30min左右，把“光路切换开关”按到“测定”位置。按顺时针方向依次调节“粗调”、“细调”旋钮，使“读数指示器”指针指在透光率（T）100%处，接着再把“光路切换开关”按到“校正”位置，“读数指示器”指针移向透光率（T）0%处，略等片刻待指针基本稳定，调节“校零”旋钮使指针指在透光率（T）0%处，再把“光路切换开关”按到“测定”位置略等片刻，调节“细调”、“粗调”旋钮指针指到透光率（T）100%，重复调节数次，使“光路切换开关”在“测定”时指针指在透光率（T）100%，“校正”时指针指在透光率（T）0%，此时仪器即可进行测定。

② 操作手续　准确吸取汞标准液（0.01μg/mL）0.0mL、2.0mL、4.0mL、6.0mL、8.0mL、10.0mL，分别置于20mL还原瓶中，加入浓硫酸0.5mL、高锰酸钾饱和溶液1.5mL，放置10～15min，加入20%盐酸羟胺溶液0.5mL使溶液的红色消失，加入40%氯化亚锡溶液2mL，迅速塞上带有塑料软管的塞子，开启三通玻璃开关，接通已调整好的测汞仪的循环泵，注视仪器表头指针的位移，读下指针所示的最大吸光度，以空白试剂为零点，绘制标准曲线。

(5) 测定手续　准确吸取试样5mL，置于20mL还原瓶中，加入高锰酸钾饱和溶液至红色不消失为止，放置10～15min，加入20%盐酸羟胺溶液0.5mL，待红色消失后，再加入40%氯化亚锡溶液2mL，以下操作同标准曲线的绘制，将所得的吸光度与标准曲线对照，查得汞含量，同时吸取与样品同时处理的试剂空白液5mL，与样品同时操作，并在结果中减去空白中所测得的汞含量。

(6) 计算和结果的表示　汞含量X_6（以质量分数表示）按式(4-12)计算：

$$X_6(\%)=\frac{A-B}{\frac{1}{20}G}\times 0.0001 \tag{4-12}$$

式中　A——样品溶液相当于汞标准质量，μg；

B——试剂空白相当于汞标准质量，μg；

G——样品重，g。

第七节　环己基氨基磺酸钠（甜蜜素）的测定

一、适用范围

本方法适用于以环己胺为原料，氯磺酸或氨基磺酸倾倒成环己基氨基磺酸后与氢氧化钠作用而制得的环己基氨基磺酸钠的分析。

二、产品基本物化参数和用途

分子式：$C_6H_{12}NNaO_3S\cdot nH_2O$

相对分子质量：结晶品 237.24

无水品 201.22（按 1997 年国际相对原子质量）

该产品作食品甜味剂使用，可用于饮料、冷冻饮品、糕点、蜜饯，配制酒、酱菜和医药辅料等。

1. 鉴别试验

（1）试剂和溶液　乙醚；硝酸；17g/L 硝酸银溶液；100g/L 亚硝酸钠溶液；3∶7 盐酸溶液；3∶47 硝酸溶液；50g/L 氯化钡溶液；50g/L 氢氧化钠溶液。

（2）分析步骤

① 取铂丝蘸取本品少许，在无色火焰中燃烧，火焰即显黄色。

② 取试样 3g，溶于 20mL 水中，30s 后生成环己基氨基硝酸银白色沉淀。

③ 取试样 0.3g，溶于 20mL 水中，加入亚硝酸钠溶液 5mL 及盐酸溶液 3mL，置水浴上加热约 15min，取出冷却后，加乙醚 20mL 振摇抽提（抽提后水层做④试验），将乙醚层放入蒸发皿中，置水浴上加热 20min 后，在沙浴上蒸发至干涸，不炭化，冷后残留物加水 3mL 溶解，以氢氧化钠溶液及硝酸溶液调 pH4.5～7.0 后，加入硝酸银 1mL，生成白色沉淀，加入硝酸呈酸性，白色沉淀溶解。

④ 取③下经乙醚抽提得的水层，加入氯化钡溶液 1mL，生成白色沉淀。

2. 环己基氨基磺酸钠含量测定

（1）方法提要　经加热减量后的试样加冰醋酸，加热溶解，再冷却至室温，在结晶紫指示液存在下，用高氯酸标准滴定溶液滴定至溶液由紫色变为蓝绿色为终点。

（2）试剂和溶液

① 冰醋酸；

② 高氯酸标准滴定溶液　$c(HClO_4)=0.1mol/L$；

③ 结晶紫指示液（2g/L）　称取结晶紫 0.2g，溶于冰醋酸中，用冰醋酸稀释至 100mL。

（3）分析步骤　称取经 105℃ 干燥 2h 的试样 0.3g（精确至 0.0002g）于锥形瓶中，加冰醋酸 30mL，加热使之溶解，冷至室温后，加结晶紫指示液 4～5 滴，用高氯酸标准滴定溶液滴定至溶液由紫色变为蓝绿色为终点，同时做空白试验。

（4）分析结果的表述　以质量分数表示的环己基氨基磺酸钠（$C_6H_{12}NNaO_3S$）含量（w_1）按试（4-13）计算：

$$w_1=\frac{\Delta Vc\times 0.2012}{m}\times 100\% \tag{4-13}$$

式中　ΔV——试样消耗高氯酸标准滴定溶液的体积与空白试验消耗高氯酸标准滴定溶液体积数之差，mL；

c——高氯酸标准滴定溶液实际浓度，mol/L；

m——试样质量，g；

0.2012——与 1.00mL 高氯酸标准滴定溶液［$c(HClO_4)=1.000mol/L$］相当的以克表示的环己基氨基磺酸钠的质量。

（5）允许差　两次平行测定结果之差不大于 0.3%，取其算术平均值为分析结果。

（6）校正　若滴定试样与标定高氯酸标准滴定溶液时，室温差别超过 10℃，则应重新标定，若未超过 10℃ 时，则可根据式（4-14）将高氯酸标准滴定溶液的浓度（c_1）加以校正：

$$c_2 = \frac{c_1}{1 + 0.0011(t_2 - t_1)} \tag{4-14}$$

式中 0.0011——冰醋酸的膨胀系数；

t_1——标定高氯酸标准滴定溶液时的室温，℃；

t_2——滴定试样时的室温，℃；

c_2——t_2 时高氯酸标准滴定溶液的浓度，mol/L。

3. 加热减量的测定

（1）方法提要　试样在烘箱内干燥至质量恒定，失去吸附水和结晶水以及易挥发性物质，称量计算之损失量。

（2）分析步骤　称取试样 2g（精确至 0.0002g）于已质量恒定的称量瓶中，在 105℃ 恒温箱中干燥 2h，取出放入干燥器内，冷却至室温后称量，直至质量恒定。

（3）分析结果的表述　以质量分数表示的加热减量（w_2）按式（4-15）计算：

$$w_2 = \frac{m_1 - m_2}{m_0} \times 100\% \tag{4-15}$$

式中 m_0——试样质量，g；

m_1——称量瓶和试样在干燥前的质量，g；

m_2——称量瓶和试样在干燥后的质量，g。

（4）允许差　两次平行测定结果之差不大于 0.1%，取其算术平均值为分析结果。

4. pH 测定

称取试样 10g（精确至 0.1g），溶于新煮沸后冷却的水中，并稀释至 100mL，用酸度计测定。

5. 硫酸盐含量测定

（1）试剂和溶液 95%乙醇；3∶7 盐酸溶液；250g/L 氯化钡溶液；硫酸盐标准溶液（每毫升含 0.1mg SO_4^{2-}）。

（2）分析步骤　称取试样 1g（精确至 0.01g），溶于约 40mL 水中，置于 100mL 容量瓶中（必要时过滤），用水稀释至刻度，振摇，准确取 10mL 上述溶液，置于 25mL 比色管中，加入 5mL 95%乙醇、1mL 盐酸溶液，在振摇下滴加 3mL 氯化钡溶液，用水稀释至 25mL，摇匀，放置 10min，所呈浊度不得大于标准（标准是取 0.5mL 硫酸可卡因标准溶液与试样同时同样处理）。

6. 透明度的测定

称取试样 2.50g（精确至 0.01g），置于 25mL 容量瓶中，加水溶解，并稀释至刻度，摇匀。用分光光度计于 1cm 吸收池中，在 420nm 波长下测定其透光率，以水的透光率为 100%。

7. 环已胺含量测定

（1）试剂和溶液

① 碱性乙二胺四乙酸二钠溶液　称取乙二胺四乙酸二钠 10g 和氢氧化钠 3.4g，加水溶解，并用水稀释至 100mL。

② 甲基橙硼酸溶液　称取甲基橙 200mg 和硼酸 3.5g，加水 100mL，置于水浴上加热使其溶解，静置 24h 以上，用前过滤。

③ 三氯甲烷与正丁醇混合液 20∶1。

④ 甲醇与硫酸混合液 50：1。

⑤ 环己胺标准溶液（每毫升含 0.0025mg 环己胺） 称取环己胺 0.1g（精确至 0.0002g），置于 100mL 容量瓶中，加水 50mL 和盐酸 0.5mL，溶解后用水稀释至刻度，摇匀。精确量取 5.0mL，置于 100mL 容量瓶中，用水稀释至刻度，摇匀。

（2）分析步骤　称取试样 10g（精确至 0.1g），置于 100mL 容量瓶中，加水溶解，并用水稀释至刻度，摇匀。准确吸取上述溶液与环己胺标准溶液各 10mL，分别置于 60mL 分液漏斗中，依次加入碱性乙二胺四乙酸二钠盐溶液 3.0mL、三氯甲烷与正丁醇混合液 15.0mL，振摇 2min，静置，分取三氯甲烷层，量取三氯甲烷提取液 10.0mL，置另一 60mL 分液漏斗中，各加入甲基橙硼酸溶液 2.0mL，振摇 2min，静置，分取三氯甲烷层，各加入无水硫酸钠 1g，振摇，静置，分别量取三氯甲烷溶液 5.0mL，置比色管中，各加入甲醇与硫酸混合液 0.5mL，摇匀。试样溶液所显颜色不得深于标准。

8. 以环己胺含量的测定

（1）试剂和溶液

① 三氯甲烷　用水洗涤三次，每次用水量为三氯甲烷的 1/3，分出三氯甲烷层供测定用；

② 氢氧化钠溶液　40g/L；

③ 碳酸氢钠溶液　8.4g/L；

④ 盐酸溶液 1：11；

⑤ 试剂 A　称取溴酚蓝 75mg，加水 60mL，加碳酸氢钠溶液 10mL，搅拌使其溶解，以盐酸溶液调 pH 至 4.0，用水稀释至 100mL，摇匀，贮存于冷暗处，48h 内使用；

⑥ 试剂 B　量取盐酸溶液（1：11）20mL、冰醋酸 16.6mL 于 100mL 容量瓶中，用水稀释至刻度，摇匀。

（2）仪器和设备　分光光度计，5cm 吸收池；分液漏斗，250mL。

（3）分析步骤　称取试样 10.0g（精确至 0.01g）于 250mL 分液漏斗，加水 100mL 使其溶解，另量取 100mL 水于另一个分液漏斗中做试剂空白。各加入 10mL 氢氧化钠溶液，然后分别依次用 10mL、5mL、5mL 三氯甲烷萃取，分别合并三氯甲烷萃取液于另两个分液漏斗中，各加水 100mL、试剂 B 3.0mL、试剂 A 1.01mL，振摇 3min，避光放置 30min，静置分层后，分出三氯甲烷层于 25mL 比色管中，加三氯甲烷至 25mL。在 410nm 波长下，用 5cm 吸收池，三氯甲烷调零，测定试剂空白及试料溶液的吸光度，其吸光度差值不大于 0.20 为符合要求。

三、技术指标

本技术指标摘自 GB 12488—1995。

① 外观　A 型为白色结晶粉末、针状结晶；B 型为白色针状、片状结晶；无臭，有甜味。

② 产品应符合产品技术指标。

习　题

1. 简述食品添加剂的定义。

2. 根据功能，食品添加剂分为哪些类?

3. 食品中栀子黄的测定有哪些方法?

4. 简述饮料中咖啡因的测定方法原理。

5. 红曲色素测定的原理是什么?

6. 饮料中咖啡因测定的方法有哪些? 其原理各是什么?

7. 如何测定食品添加剂三聚磷酸钠中氟化物的含量?

8. 食品添加剂紫胶红色素测定包含哪些测定内容?

9. 甜蜜素测定的原理是什么? 主要测试哪些项目?

第五章　涂料分析

学习目标

1. 了解甲醛测定的不同方法及原理，掌握氨基树脂中游离甲醛的测定方法。

2. 掌握卡尔·费休滴定法及其在氯苯测定中的应用。

3. 掌握气相色谱仪的使用，并能用其对聚氨酯涂料中游离甲苯二异氰酸酯进行分析。

4. 掌握汽油溶剂中四乙基铅的定性方法。

5. 掌握水性涂料中有机挥发分（VOC）的测定方法。

6. 了解食品罐头内壁环氧酚醛涂料的各项卫生指标的测定方法，掌握酚的比色测定方法。

第一节　概　　述

一、涂料及其作用

涂料是一种材料，用于涂装物体表面而能形成涂膜，从而起到保护、装饰、标志及其他特殊作用（如电绝缘、防污、减阻、隔热、耐辐射、导电、导磁等）。

随着工业的发展，涂料品种日益增多，质量和性能不断提高，许多新型涂料已不再含有油的成分。这样油漆这个名词就显得不够确切了。因此，现在把用于涂装物面的各种材料统称为涂料。随着科学的发展，各种高分子合成树脂的广泛应用，使涂料产品发生了根本的变化，因此准确的名称应为“有机涂料”。

涂料由于其施工方便、成本低廉、附加价值高等优点，在农业、国防、科研、建筑、机械、电子电器、食品包装等各行业得到了广泛的应用。据不完全统计，目前世界上涂料产品已有上千个品种，1999 年中国国家统计局公布，我国涂料产量为 171.22 万吨/年，2000 年已达 183.94 万吨/年，列世界第三位。涂料的发展日新月异，已成为重要的精细化工产品之一。

随着涂料性能的发展，其应用日益广泛。总结起来其用途主要有以下几个方面。

（1）保护作用　涂料能在物体表面形成一层保护膜，能够阻止或延迟物体因长期暴露于空气中受到水分、空气、微生物等的侵蚀而造成的金属锈蚀、木材腐蚀、水泥风化等破坏现象。如不加涂料保护的钢铁结构的桥梁寿命仅有几年；而涂料使用得当，则可以百年巍然挺立。

（2）装饰作用　随着人民生活水平的提高，选择商品的标准不只限于其质量，其外表也越来越受到人们的重视。因此，涂料的装饰性也成为品种开发的重要因素。

(3) 色彩标志作用　在国际上应用涂料作标志的色彩已经逐渐标准化。可用涂料来标记各种各样化学品、危险品的容器和各种管道，机械设备也可以用各种颜色的涂料作为标志，如氢气钢瓶是绿色的，氯气钢瓶则用黄色；交通运输中也常用不同色彩表示警告、危险、前进、停止等信号以保证安全。

(4) 特殊功能作用　涂料可以起到很多特殊功能的作用，如电性能方面的电绝缘、导电、屏蔽电磁波、防静电产生；热能方面的高温、室温和温度标记；吸收太阳能、屏蔽射线；力学性能方面的防滑、自润滑、防碎裂飞溅等；还有防噪声、减振卫生消毒、防结霜、防结冰等各种不同作用。

二、涂料的分类

按其是否有颜料可分为：清漆，色漆等；

按其形态可分为：水性涂料，溶剂型涂料，粉末涂料，高固体分涂料，无溶剂涂料等；

按其用途可分为：建筑涂料，汽车漆，飞机漆，木器漆等；

按其固化方式可分为：常温固化涂料，高温固化涂料，射线固化涂料；

按其涂装方式可分为：喷漆，浸漆，烘漆，电泳漆等；

按其施工工序可分为：底漆，腻子，二道漆，面漆，光漆等；

按其涂膜的特殊功能可分为：绝缘漆，防锈漆，防腐蚀漆等。

这些分类的方法标准不一，各有侧重，并不能全面地反映涂料的本质。

三、涂料的组成

虽然涂料种类繁多，作用各异，但是它们的组成成分按其功能可以归纳成四类：成膜物质、颜料、溶剂和助剂。

1. 成膜物质

成膜物质具有能黏着于物面形成膜的能力，因而是涂料的基础。有时也叫做基料或漆料。主要有油脂、天然树脂、天然高分子化合物加工产品以及合成树脂等。

(1) 油脂　是天然产物，用于涂料的主要是植物油，其主要组成是甘油三脂肪酸酯。

$$\begin{array}{l} H_2C-O-\overset{O}{\overset{\|}{C}}-R \\ \quad| \\ HC-O-\overset{O}{\overset{\|}{C}}-R' \\ \quad| \\ H_2C-O-\overset{O}{\overset{\|}{C}}-R'' \end{array}$$

其中三个脂肪酸基可以是一种、两种或三种。随着脂肪酸基种类的不同，油的性质也不同。油脂中常见的饱和脂肪酸有：

月桂酸　$C_{11}H_{23}COOH$　　软脂酸　$C_{15}H_{31}COOH$

豆蔻酸　$C_{13}H_{27}COOH$　　硬脂酸　$C_{17}H_{35}COOH$

常见的不饱和脂肪酸有：

油酸　$CH_3(CH_2)_7CH=CH(CH_2)_7COOH$

亚油酸　$CH_3(CH_2)_4CH=CH-CH_2-CH=CH(CH_2)_7COOH$

亚麻酸　$CH_3CH_2CH=CH-CH_2-CH=CH-CH_2-CH=CH(CH_2)_7COOH$

桐油酸　$CH_3(CH_2)_3CH=CH-CH=CH-CH=CH(CH_2)_7COOH$

蓖麻油酸　$CH_3(CH_2)_5-CH(OH)-CH_2-CH=CH(CH_2)_7COOH$

有较多双键的油脂涂成薄膜后，在空气中可以逐渐转化成干膜，这个过程称为油的干燥。油干燥成膜的机理是相当复杂的，但主要是氧在邻近双键的—CH_2—处被吸收，形成氢过氧化物—CH(OOH)—CH_2—，这些氢过氧化物会引发聚合反应，引导交联，使油分子逐渐联结，分子不断增大，最终形成干膜。

某些金属如钴、锰、铅等的有机酸皂类对上述油类的氧化聚合过程有催化作用，能够加速油的干燥成膜。这类物质称为催干剂。

(2) 天然树脂和天然高分子化合物加工产物

① 松香及其衍生物　松香的主要组成为树脂酸，它有多种异构体，主要是松香酸。通常所用的松香为微黄至棕红色透明脆性，熔点大于70℃，酸值在160mgKOH/g以上。

② 纤维素衍生物　是由天然纤维素经过化学处理生成的纤维素酯或醚。其中硝酸纤维素酯应用最广。

③ 氯化天然橡胶　由天然橡胶降解后进行氯化而得，其氯含量在62%以上。制得的涂料耐化学性、耐水性和耐久性都较好，但不耐油和高温。

(3) 合成树脂　随着生产的发展，仅仅依靠油脂和天然树脂等为原料，已不能满足对涂料提出的更新、更高的要求。而合成树脂工业的兴起和发展，为涂料工业提供了广阔的新型原料来源，使涂料在品种和产量上都得到迅速发展，性能上也有很大的提高，适应了各方面的要求。

合成树脂通常是无定形半固体或固体聚合物，相对分子质量一般较大，它们都由低分子化合物通过化学加工而得。现在以各种合成树脂为成膜物质的涂料已占主导地位。

2. 颜料

颜料通常是固体粉末，虽然本身不能成膜，但它始终留在涂膜中，所以它赋予涂膜许多特殊的性质。例如，使涂膜呈现色彩，遮盖被涂物的表面，增加厚度，提高机械强度、耐磨性、附着力和耐腐蚀性能等。

(1) 白色颜料　主要有以下几种。

① 钛白　其化学成分是二氧化钛（TiO_2），是一种遮盖力和着色力非常好的白色颜料。而且在物化性能方面也十分优越，耐光、耐热、耐稀酸、耐碱、没有毒性。钛白有两种晶型即金红石型和锐钛型。

② 锌钡白　商品名称立德粉，是硫化锌和硫酸钡的混合物。它的遮盖力和着色力仅次于钛白。缺点是不耐酸，不耐曝晒，在大气中易粉化变色，不宜用于制户外用涂料。

③ 氧化锌　又名锌白、锌氧粉。着色力较好，不易粉化，可用于室外。但因遮盖力小于钛白和锌钡白，故很少单独使用。

(2) 黑色颜料　主要有以下两种。

① 炭黑　是一种疏松而极细的无定形炭粉末，具有非常高的遮盖力和着色力。化学性质稳定、耐酸碱、耐光、耐热。

② 氧化铁黑　分子式是$Fe_2O_3 \cdot FeO$，遮盖力和着色力都很高，对光及大气作用稳定，并有一定的防锈作用。

(3) 彩色颜料　主要有两种。

① 无机彩色颜料　例如铬黄（铬酸铅或铬酸铅和硫酸铅的混合物），铁黄（$Fe_2O_3 \cdot H_2O$），铁红（Fe_2O_3），铁蓝（又称华蓝、普鲁士蓝，化学成分为$FeK[Fe(CN)_6] \cdot nH_2O$或$FeNH_4[Fe(CN)_6] \cdot nH_2O$），群青（含多硫化钠而有特殊结构的硅酸铝）等。

② 有机彩色颜料　由于色彩鲜艳、色谱齐全、性能好，虽然价格较贵，其应用正日益扩大。例如酞菁蓝、酞菁绿、耐晒黄、大红粉等。

（4）金属颜料　如铝粉，俗称银粉；铜粉，实际上是铜锌合金粉，俗称金粉。

（5）体质颜料　又称填料，是基本上没有遮盖力和着色力的白色或无色粉末。因其折射率与基料接近，故在涂膜内难以阻止光线透过，也不能添加色彩。但能增加涂膜的厚度和体质，提高涂料的物理化学性能，加以价格便宜因而广为使用。常用品种有重晶石粉（天然硫酸钡），沉淀硫酸钡，石粉（天然石灰石粉），沉淀碳酸钙，滑石粉，瓷土粉（高岭土），石英粉等。

（6）防锈颜料　是防锈涂料的重要组成之一。根据其防锈作用机理可以分成两类。

① 物理防锈颜料　本身都具有化学性质较稳定的特点，借助其细微颗粒的充填而提高涂膜的致密度；有的颜料颗粒呈片状。

② 化学防锈颜料　借助于电化学的作用，或者形成阻蚀性络合物等以达到防锈的效果。这类颜料如红丹（Pb_3O_4）、锌铬黄（$4ZnO \cdot 4CrO_3 \cdot K_2O \cdot 3H_2O$）、偏硼酸钡［$Ba(BO_2)_2 \cdot SiO_2$］、铬酸锶（$SrCrO_4$）、铬酸钙（$CaCrO_4$）、磷酸锌、碳氮化铅（$PbCN_2$）、锌粉、铅粉等。

3. 溶剂

在涂料中使用溶剂，为的是降低成膜物质的黏稠度，以便于施工得到均匀而连续的涂膜。溶剂最后并不留在干结的涂膜中，而全部挥发掉，所以又称挥发组分。涂料溶剂根据其作用可以分成三类。

（1）溶剂　具有溶解涂料所用成膜物质能力的溶剂。各种不同的成膜物质有它固有的真溶剂。

（2）助溶剂　也叫潜溶剂，此种溶剂本身不能溶解所用的成膜物质，但在一定限度数量内与真溶剂混合使用，则具有一定的溶解能力。

（3）稀释剂　不能溶解所用的成膜物质，也无助溶作用，但在一定限度数量内可以和真溶剂、助溶剂混合使用，起稀释的作用。因其价格通常较低，可以降低成本。

4. 助剂

在涂料中应用的助剂越来越多，它们的用量往往很小，占总配方的百分之几，甚至千分之几，但它们对改善性能、延长贮存期限、扩大应用范围和便于施工等方面常常起很大的作用。助剂通常按其功效来命名和区分。

（1）催干剂　又名干燥剂。对干性油膜的吸氧、聚合起催化作用。凡主要通过油类的氧化聚合作用而干燥成膜的涂料产品，都可使用催干剂来缩短干燥成膜的时间。钴、锰、铅、锌、钙等金属的有机酸皂类，由于溶解性好，能充分发挥催干作用，为目前普遍采用的催干剂。用作制造催干剂的有机酸主要有：环烷酸、辛酸、植物油酸等。

（2）增塑剂　其主要作用是增加涂膜的柔韧性、弹性和附着力。对增塑剂的主要要求是：与成膜物质有着良好的相容性，成膜后不渗出、不析出，不易挥发，长期保持增塑作用，稳定性好等。值得注意的是，增塑剂对涂料的某些性能如抗张强度、耐热性、耐腐蚀性、耐油、耐溶剂性等会带来不良的影响。常用的增塑剂有邻苯二甲酸二丁酯、邻苯二甲酸二辛酯、磷酸三苯酯、磷酸二甲酚酯、氯化石蜡等。

（3）润湿剂和分散剂　润湿剂能降低液体和固体表面之间的界面张力，因此能使固体表面易于为液体所润湿。分散剂能促进固体粒子在液体中的悬浮，使分散体稳定，防止涂料中的颜料絮凝返粗。用作润湿剂和分散剂的物质主要是表面活性剂。用于溶剂型漆的如环烷酸锌、环烷酸铜、蓖麻酸锌等脂肪酸皂；用于乳胶涂料的如磺酸盐类阴离子表面活性剂、烷基醇或烷基酚的聚氧乙烯醚类非离子表面活性剂以及水溶性的聚丙烯酸盐等。

(4) 防沉淀剂　其作用是防止涂料贮存过程中颜料沉底结块。防沉淀剂如硬脂酸锌、硬脂酸铝、气相二氧化硅、滑石粉、改性膨润土、氢化蓖麻油等。

此外，还有防结皮剂、防霉剂、增稠剂、触变剂、消光剂、抗静电剂、紫外线吸收剂、消泡剂等。

第二节　涂料中甲醛的测定

一、概述

1. 甲醛的性质

甲醛是无色、具有刺激性的气体。与空气的相对密度为 1.06，略重于空气，易溶于水，其 40%的溶液通称为福尔马林。甲醛是一种挥发性有机化合物。

2. 甲醛的来源及其危害

甲醛化学性质活泼，广泛用于化学工业生产中。其主要用途是作为生产树脂的重要原料，例如生产脲醛树脂、三聚氰胺树脂、酚醛树脂等。这些树脂都是生产涂料的基料。

内墙涂料及油漆已广泛用于室内装修，曾广泛使用的 803、808 内墙涂料主要成分为聚乙烯醇，但需加入一定量的甲醛为辅料。因此，甲醛释放成为室内空气污染的重要来源。

甲醛是一种有毒物质，具有刺激、过敏和致癌作用，通常人的甲醛嗅觉阈为 $0.06mg/m^3$，但个体差异较大，刺激作用主要针对眼、鼻和上呼吸道，当大气中的甲醛浓度达到一定程度时，人的眼睛就会不适，引进眼红、眼痒、流泪。动物试验表明，甲醛对大鼠的鼻腔有致癌性。

近年来，还有多项报道表明：甲醛会对人体内免疫能力产生影响，且能引起哺乳动物细胞株的基因突变、DNA 单链断裂、DNA 链内交联和 DNA 与蛋白质交联，抑制 DNA 损坏的修复，影响 DNA 的合成转录，还能损坏染色体。最近还发现，甲醛与苯并芘对 DNA 单链断裂的联合作用起增强效应。

综上所述，必须对涂料中游离甲醛的作用加以严格控制，并对在涂料使用过程中释放的游离甲醛严格监控。

二、甲醛测定方法简介

甲醛的化学性质十分活泼，因此可采用多种定量分析方法测定甲醛，主要方法有滴定分析法、分光光度法、气相色谱法、电化学分析法。由于涂料或胶黏剂产品的许多树脂原料或多或少采用甲醛作原料，一般这些产品游离甲醛的浓度可能较高，多采用滴定分析法定量分析，而微量甲醛的分析则采用分光光度法和气相色谱法，尤以分光光度法方便实用。

1. 乙酰丙酮法

该法利用甲醛与乙酰丙酮在醋酸的存在下发生反应，生成淡黄色的 3,5-二乙酰基-1,4-二氢卢剔啶，其最大吸收波长为 412～415nm，此法重现性好，干扰少，操作简便。

$$CH_2O + NH_3 + 2CH_3COCH_2COCH_3 = H_3C-\overset{O}{\overset{\|}{C}}-H_2C-N(\text{pyridine ring, H})-CH_2-\overset{O}{\overset{\|}{C}}-CH_3 \quad (5\text{-}1)$$

2. 铬变酸法

甲醛在硫酸的介质中与铬变酸发生作用，生成紫色化合物。

$$CH_2O + 2\,(\text{HO, HO, } SO_3H, SO_3H \text{ naphthalene}) \xrightarrow{H_2SO_4} (\text{HO, HO, } SO_3H, SO_3H)\text{-}\underset{H}{C}=(\text{O, OH, } SO_3H, SO_3H) + H_2O \quad (5\text{-}2)$$

其最大吸收波长为 568～570nm，此法具有灵敏度高、颜色稳定的特点。反应需在酸性介质中进行，酚类存在时有干扰。

3. 亚硫酸品红法

甲醛在亚硫酸品红的硫酸介质中，生成玫瑰红色的溶液。

$$(H_2N\text{-}C_6H_4)_2C=C_6H_4=\overset{+}{N}H_2\overset{-}{Cl} + 3H_2SO_4 \rightleftharpoons (HO_2SHN\text{-}C_6H_4)_2C(SO_2H)\text{-}C_6H_4\text{-}NH_2 \quad (5\text{-}3)$$

但溶液的颜色不稳定，适用于甲醛含量较高时使用。其最大吸收波长为 552～554nm。

三、测定实例：氨基树脂中游离甲醛的测定

1. 原理

甲醛和一定量的铵盐作用，生成相当量的酸（H^+）和六亚甲基四胺，反应方程式如下：

$$6HCHO + 4NH_4^+ = (CH_2)_6N_4H^+ + 3H^+ + 6H_2O \quad (5\text{-}4)$$

所生成的 H^+ 用反滴定法进行测定。

2. 试剂

① 甲基红-溴甲酚绿混合指示剂；

② 10%氯化铵溶液；

③ 0.1mol/L NaOH；

④ 0.1mol/L HCl 标准溶液。

3. 测定过程

称取试样 5～10g 于 250mL 碘量瓶中，加入 50mL 蒸馏水溶解（如不溶解，可加入少量乙醇）。加入混合指示剂 8～10 滴，如树脂不是中性，应用酸或碱溶液测定至溶液为灰色。加入 10mL 10%氯化铵溶液，摇匀。立即用移液管加入 10mL 0.1mol/L NaOH 溶液，盖紧瓶塞，充分摇匀，在 20～25℃下放置 30min，用盐酸标准溶液进行滴定，溶液由绿色变为灰色即为终点。

同时进行空白实验。

4. 计算

$$w(HCHO) = \frac{(V_1 - V_2)c(HCl) \times 10^{-3} \times M(HCHO) \times 6}{m \times 4} \times 100\% \quad (5\text{-}5)$$

式中　V_1——空白试验消耗的 HCl 体积；

V_2——滴定试样所消耗的 HCl 体积；
c(HCl)——盐酸标准溶液的浓度；
M(HCHO)——甲醛的相对分子质量；
m——试样的质量。

第三节　氯苯的测定

一、主题内容与适用范围

本法规定了氯苯的技术要求、试验方法、检验规则、标志、包装、运输、贮存等要求。

本法适用于在氯化铁存在下，苯经氯化精制而得的氯苯。该产品主要用于染料、农药及有机合成等工业。

结构式：

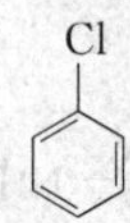

分子式：C_6H_5Cl

相对分子质量：112.56

二、引用标准

GB 190　危险货物包装标志
GB 191　包装贮存图示标志
GB 3143　液体化学产品颜色测量法（Hazen 单位——铂-钴色号）
GB 6283　化工产品中水分含量的测定　卡尔·费休法（通用方法）
GB 6388　运输包装收发货标志
GB 6678　化工产品采样总则
GB 9722　化学试剂　气相色谱法通则

三、技术要求

氯苯的质量应符合表 5-1 要求。

表 5-1　氯苯的质量标准

项　目	指　标		
	优级品	一级品	合格品
外观	20℃时为无色或微带黄色的透明液体(其色度不得深于 40 号)		
水分含量/%	≤0.05	0.10	0.15
酸度(以 H_2SO_4 计)/%	≤0.001	0.001	0.001
氯苯含量/%	≥99.8	99.5	99.0
苯含量①/%	≤0.05	0.15	0.20
二氯苯含量②/%	≤0.15	0.35	0.65

① 苯含量包括苯及氯苯峰前所有杂质。
② 二氯苯含量包括氯苯峰后的二氯苯、邻氯甲苯及其他所有的杂质。

四、试验方法

1. 外观的测定

按 GB 3143 的规定测定氯苯的色度。

2. 水分的测定

（1）方法原理　本方法是在甲醇及吡啶的存在下，利用水和碘及二氯化硫定量地反应以定量测定氯苯中水分。

（2）仪器　仪器装置见 GB 6283。

（3）试剂　卡尔·费休试剂（制备按 GB 6283 中 4.12 条的规定进行）或卡尔·费休改良试剂；三氯甲烷-无水甲醇（3∶1）混合试剂。

（4）卡尔·费休试剂（或卡尔·费休改良试剂）滴定度的标定

① 5μL 纯水质量（m）的测定　用 10μL 微量注射器准确吸取纯水 5μL，称其质量（精确至 0.0002g），重复两次，取其算术平均值作为 5μL 纯水质量。

② 空白试验　用移液管吸取 25mL 三氯甲烷-无水甲醇（3∶1）混合试剂于反应器中，盖上瓶塞，接通电源，开启电磁搅拌器，用卡尔·费休试剂或卡尔·费休改良试剂滴定溶液中微量水，滴定至电流表指针产生较大偏转并保持 1min 不变为终点（不记录所消耗试剂的体积，不排掉溶液）。

③ 标定　用 10μL 微量注射器向反应器中加入 5μL 水，盖上瓶塞，继续用卡尔·费休试剂或卡尔·费休改良试剂滴定至电流表指针停留在空白试验时终点的位置，并保持 1min 不变为终点，记录卡尔·费休试剂的用量 V，排掉废液。

④ 滴定度的计算　卡尔·费休试剂或卡尔·费休改良试剂的滴定度 T 按式（5-6）计算：

$$T=\frac{m}{V} \tag{5-6}$$

式中　T——卡尔·费休试剂的滴定度，g/mL；

m——5μL 纯水的质量，g；

V——标定时所消耗的卡尔·费休试剂或卡尔·费休改良试剂的体积，mL。

重复两次，取其算术平均值作为该试剂的滴定度。

试剂的滴定度每天标定一次。

（5）分析步骤

① 空白试验　同（4）②。

② 试样中水分的测定　用 25mL 移液管吸取试样 25mL 注入反应器（做完空白试验的溶液中），在搅拌下继续用卡尔·费休试剂（或卡尔·费休改良试剂）滴定至电流表指针停留在空白试验滴定终点时指针位置，并保持 1min 不变为终点。

（6）计算　氯苯中水分质量分数 w 按式（5-7）计算：

$$w=\frac{V_1 T}{V_2\times 1.11}\times 100\% \tag{5-7}$$

式中　w——水分质量分数，%；

V_1——滴定试样时卡尔·费休试剂（或卡尔·费休改良试剂）的用量，mL；

V_2——加入试样体积，mL；

1.11——20℃时试样的近似密度，g/mL；

T——卡尔·费休试剂（或卡尔·费休改良试剂）的滴定度，g/mL。

两次平行测定结果之差不大于0.005%，取其算术平均值作为测定结果。

注：在测定样品中含水量时，每加入一次三氯甲烷-无水甲醇（3∶1）混合试剂作样品溶剂，只能测定两次，否则由于样品中溶剂用量不够，使终点提前，而引起测定误差。

3. 酸度的测定

（1）试剂　刚果红指示液：1g/L水溶液。

（2）分析步骤　用移液管吸取20mL试样于250mL带磨口塞的锥形瓶中，加入新煮并冷却的蒸馏水50mL，经强烈振荡3min、静置分层后，再加入刚果红指示液2滴，上层液不变蓝为合格，即含酸（以H_2SO_4计）在0.001%以下。

4. 氯苯、苯和二氯苯的含量测定

（1）方法提要　用气相色谱法进行测定，检测器用热导检测器，计算方法采用校正的面积归一法并用微处理机。

（2）仪器

① 气相色谱仪　所用仪器应符合GB 9722第5章之规定；

② 微处理机（或积分仪）；

③ 检测器　热导检测器；

④ 微量注射器　1μL，5μL或10μL。

（3）试验条件

① 载气及流量　以经干燥净化处理的氢气为载气，其纯度在99.8%以上；柱后流量为55～65mL/min。

② 色谱柱　内径为3mm或4mm、长度为2000mm的不锈钢柱或玻璃柱。

③ 固定相　以经碱处理的180～250μm（60～80目）6201红色硅藻土为载体，将100g6201红色硅藻土置于锥形瓶中，用加有5g氢氧化钾的甲醇溶液浸泡，密闭放置一昼夜。然后在水浴上蒸发至近干，移入结晶皿中，并于100℃烘箱中烘1h，再升温至120～130℃烘4h，冷却后备用。固定液为聚乙二醇20000，固定液与载体的质量比为15∶100。

④ 柱温　140℃（实际温度）。

⑤ 汽化室温度　200℃。

⑥ 检测器温度　200℃。

⑦ 桥电流　160～180mA。

⑧ 进样量　1μL，视仪器灵敏度的不同而不同。最大进样量不超过10μL，使各杂质峰在选定的进样量下应记录清楚，主体峰高（或衰减后）应在记录仪上占满标度70%以上。

难分物质相对分离度$R \geqslant 1.0$。

各组分的相对保留值见表5-2。

表5-2　各组分的相对保留值

组　分	保留值 r/min	相对保留值	组　分	保留值 r/min	相对保留值
苯	0.85	0.32	间二氯苯	5.09	1.93
氯苯	2.64	1.00	对二氯苯	6.59	2.50
邻氯甲苯	3.50	1.33	邻二氯苯	8.08	3.06

操作条件可根据具体仪器性能在操作时做适当调整。

各组分相对质量校正因子f_i见表5-3。

表 5-3 各组分相对质量校正因子

组 分	氯 苯	苯	邻氯甲苯	间二氯苯	对二氯苯	邻二氯苯
f_i	0.81	1.00	1.05	1.14	1.06	1.12

(4) 固定液的涂渍方法　以三氯甲烷为溶剂，操作按 GB 9722 中 7.1.1 的规定进行。

(5) 色谱柱的填充　按 GB 9722 中 7.1.3 的规定进行。填充量约 6g/m。

(6) 色谱柱的老化　老化色谱柱需在载气流中缓缓升温，先在 100℃老化 1h，再升温至 150～160℃下老化 12h。老化完毕后在载气流中逐渐降温，防止载体结块。

(7) 仪器衰减比标定法　按 GB 9722 中 7.4 的规定进行。

(8) 分析步骤

① 进样　当仪器开启一定时间，各参数均达到 GB 9722 所规定数值后，用清洁干燥的微量注射器进样。按（3）所示的试验条件用标样做出的色谱图如图 5-1 所示。

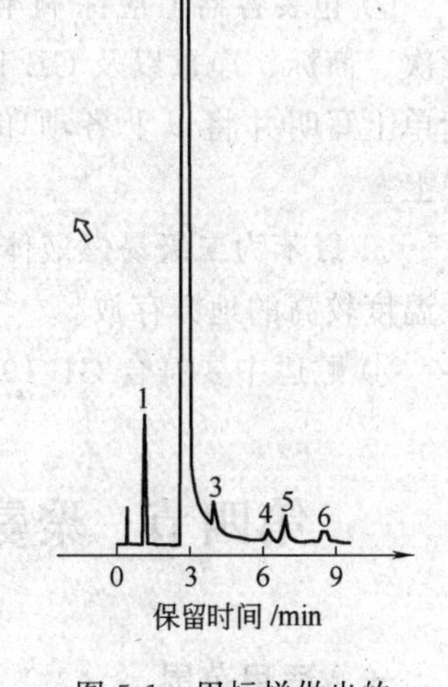

图 5-1　用标样做出的氯苯色谱图

1—苯；2—氯苯；3—邻氯甲苯；4—间二氯苯；5—对二氯苯；6—邻二氯苯

② 定量方法

a. 峰面积的测量　用微处理机进行。

b. 定量方法　用校正面积归一法。各组分校正因子用表 5-3 给出的数值，但氯苯峰前各组分的校正因子均用苯的校正因子，氯苯峰与间二氯苯峰间未知组分的校正因子均用邻氯甲苯的校正因子进行计算。

c. 计算　各组分的质量分数按下式计算：

$$X_i=\frac{A_i f_i}{\sum(A_i f_i)}\times(100-w) \tag{5-8}$$

式中　X_i——试样中组分 i 的质量分数，%；

A_i——组分 i 的峰面积，mm^2；

f_i——组分 i 的相对质量校正因子；

w——水分质量分数，%。

两次平行测定结果之差要求如下。

氯苯：不大于 0.05%；

苯：不大于 0.01%；

二氯苯：不大于 0.01%。

五、检验规则

① 氯苯由质量检验部门进行取样检验。

② 生产厂应保证所有出厂的氯苯都符合要求，并附有一定格式的质量证明书。

③ 使用单位可按各项规定对所收到的氯苯进行检验。

④ 每批质量规定不得超过 60t。

⑤ 采样。

a. 槽车装运的氯苯，从槽车顶部的进样口用加有铅锤（或将瓶置于加重笼罐中）的玻璃瓶取样。将取样瓶敞口放入槽车内，从上到下取集代表性样品。

b. 铁桶装运氯苯时，选取采样桶应符合 GB 6678 中 6.6.1 的规定。样品用直径 20mm、一端带哨口的玻璃管，以管内外液面相平之速率插至桶底，用拇指按住管口取出。

c. 样品的缩分　将所取的样品合并在一起，仔细混匀，取出不少于500mL的样品，装入清洁、干燥、带磨口塞的玻璃瓶中。瓶上粘贴标签，注明：生产厂名称、产品名称、等级、批号和取样日期，以备分析。

d. 如检验结果有一项指标不符合要求，应从槽车（或加倍桶数）重新取样核验。核验结果仍不符合要求时，则整批氯苯不能验收。

六、标志、包装、运输、贮存

① 包装氯苯用专用槽车或铁桶装运。铁桶包装时，每桶净重200kg。

② 包装容器上应涂刷牢固的标志。其内容包括：生产厂名称、产品名称、生产日期、批次、商标、净重以及GB 190中图5及GB 6388中图1～5的标志。槽车装运时，可在发货单上写明并将以上各项印刷在牛皮纸上，装入塑料夹中，牢固地拴挂在槽车的特定位置上。

③ 氯苯为二级易燃液体，且易挥发，应贮存在禁火区，与火源隔绝，防止阳光曝晒或在温度较高的地方存放。

④ 贮运中要符合GB 191及我国铁路部门对危险货物贮存和运输的有关规定。

第四节　聚氨酯涂料中游离甲苯二异氰酸酯的测定

一、适用范围

本法适用于聚氨酯涂料中的游离甲苯二异氰酸酯。

二、方法原理

试样经汽化后通过色谱柱，使欲测的游离甲苯二异氰酸酯与其他组分分离，用氢火焰离子化检测器检测，以内标法定量。

三、材料

① 载气　氮气，纯度≥99.8%；

② 燃气　氢气，纯度≥99.8%；

③ 助燃气　空气。

四、试剂

① 醋酸乙酯　分析纯，用5A分子筛脱水；

② 十四烷　色谱纯；

③ 甲苯二异氰酸酯　分析纯（80% 2,4-甲苯二异氰酸酯和20% 2,6-甲苯二异氰酸酯混合物）。

五、仪器

（1）气相色谱仪　能满足分析条件要求的任何型号的色谱仪，配有氢火焰离子化检测器，对苯的检出限$D \leqslant 1 \times 10^{9}$ g/s。汽化器内衬可更换玻璃管或者柱前置一段空柱，定期清洗。

（2）色谱柱　内径2mm、长1m不锈钢柱。柱填料：固定液为7%二甲基硅油SE-30；载体为102硅烷化白色载体（80～100目）。

（3）进样器　微量注射器，1μL。

六、色谱操作条件

① 内标物　十四烷；

② 柱温　150℃；

③ 检测器温度　200℃；

④ 汽化室温度　150℃；

⑤ 载气流速　氮气 30mL/min；

⑥ 进样量　0.2μL。

第五节　水性涂料中挥发性有机化合物的测定

国家标准（GB 18582—2001）和行业标准（HBC 12—2002）在挥发性有机化合物（VOC）含量的计算、测试方法、VOC 的测定偏差、标准的适用范围存在差异。下面介绍国外检测低 VOC 涂料的方法标准，并利用 ISO、DIN 标准方法对低 VOC 含量的涂料进行测试比较。

VOC 值作为限制某类产品对环境污染、保护环境的一项指标，在许多标准中列为被检项目之一。2001 年我国对内墙涂料的 VOC 含量制定了强制性限量标准（GB 18582—2001），国家标准的实施推动了内墙涂料朝着无害化方向发展。但随着科学技术的进步，市场上出现了越来越多的低 VOC 含量的水性涂料，按现有标准检测 VOC 其结果误差很大。因此如何选择合适的测试方法来准确地表征水性涂料 VOC 含量是目前要解决的问题。现就国家标准（GB 18582—2001）和行业标准（HBC 12—2002）在检测中所遇到的问题、VOC 的测定偏差以及标准的适用范围做如下讨论。

一、不同的标准由于 VOC 定义不同而引起 VOC 值的差异

内墙涂料的国家标准（GB 18582—2001 室内装饰材料内墙涂料中有害物质限量、GB 50325—2001 民用建筑工程室内环境污染控制规范）与行业标准 HBC 12—2002（环境标志产品认证技术要求水性涂料）由于其对 VOC 含量的定义不同，同样的产品因采用不同的标准计算出的 VOC 含量相差很大，消费者无法从中判别哪一种产品更有利于人身安全及环保。其差别体现在 VOC 含量的计算公式上，国家标准 GB 18582—2001 及 GB 50325—2001 对内墙涂料 VOC 含量的计算公式为 $VOC=(V-V_{H_2O})\rho_{样}\times10^3$，此种方法的 VOC 含量为挥发性有机化合物与样品体积的比值。而国家标准与美国 ASTM D 3960-01 对 VOC 含量的定义和计算方法相同，均为挥发性有机化合物与扣除水分后的样品体积的比值。两种计算方法的结果相差近一倍。以下为两种方法计算 VOC 值的比较（表 5-4）。

表 5-4　水性涂料样品中加入不等量水后各测定值的变化及 VOC 值的变化

样品编号	试　样	挥发分/%	水分/%	密度/(g/mL)	按 HBC 12—2002 计算的 VOC/(g/L)	按 GB 18582—2001 计算的 VOC/(g/L)
HW-2002-003	原样	56.67	48.52	1.1595	217	95
	加入 10%水	60.61	53.20	1.1427	217	85
	加入 20%水	63.89	57.10	1.1290	217	77

从表 5-4 中的数据可得出以下结论：用 HBC 12—2002 方法计算的 VOC 值不因水分的

多少而改变。而按国标计算的 VOC 值因含水量的增加而降低。

二、不同测试方法造成 VOC 结果的差异

除上述因计算方法造成 VOC 的差异外，测定方法的不同也是造成 VOC 差别的一大因素。涂料的 VOC 含量是挥发分、密度、水分这三项测定结果计算得出的，下面就不同标准对这三项的测定结果进行比较（表 5-5）。

表 5-5　按不同标准测试水性涂料 VOC 含量的结果

HBC 12—2002					GB 18582—2001				相对偏差		
样品编号	VOC /(g/L)	挥发分 /%	密度 /(g/mL)	水分① /%	VOC /(g/L)	挥发分 /%	密度 /(g/mL)	水分② /%	挥发分相对偏差/%	密度相对偏差/%	水分相对偏差/%
1	199	48.04	1.50	42.13	86	48.44	1.4700	43.6	0.83	2.02	3.43
2	131	39.46	1.51	35.00	67	39.70	1.5096	35.1	0.61	0.03	0.28
3	208	43.96	1.36	33.03	148	44.66	1.3608	37.1	1.62	0.06	11.61
4	231	67.55	1.04	48.55	149	67.45	1.0239	58.4	0.15	1.56	18.42
5	181	40.86	1.48	33.84	404	41.15	1.4464	35.2	0.71	0.92	3.94
6	246	40.80	1.51	36.70	62	40.61	1.5028	32.2	0.47	0.48	13.06

① 卡尔·费休法测。

② 气相色谱法测。

从表 5-5 中列出的测定结果看，挥发分（最大相对偏差 1.62%）、密度（最大相对偏差 2.02%）用上述两个标准检测的结果相符合，而水分（最大相对偏差 18.42%）的测定结果相差较大，虽然这两种方法都能测定水分，但是对不同的产品是有选择的。GB 606—88 水分测定通用方法（卡尔·费休法）中规定了适用范围——适用于部分固体和液体有机试剂中游离水或结晶水的测定，不适用于能与卡尔·费休试剂的主要成分反应并生成水的样品以及能还原碘或氧化碘化物的样品中水分的测定（表 5-6）。

表 5-6　测试水性涂料中存在能还原碘组分的试验结果

样品编号	试样质量 /g	碘溶液加入量 /mL	空白消耗硫代硫酸钠 (0.1015mol/L)的量/mL	试样消耗硫代硫酸钠 (0.1015mol/L)的量/mL	试样还原碘的量 /(mmol/g)
RW-02-101	1.1542	10	9.99	9.58	0.0361
RW-02-103	1.5085	10	9.99	9.20	0.0532
RW-02-84	1.5994	5	4.97	4.61	0.0228

以下三个理由说明在测定水性涂料 VOC 时利用卡尔·费休法测水是不合理的。

其一，表 5-6 列出的试验结果表明水性涂料中存在着能还原碘的物质（例如：甲醛）。

其二，水性涂料中的体质颜料如白炭黑、云母粉、高岭土、滑石粉、膨润土都含有一定量的结晶水。如果涂料的配方中含有这些体质颜料，其测定结果包含了涂料中的水及部分结晶水。

其三，在用卡尔·费休试剂滴定试样时，试样溶液出现结块、结片现象，对此现象还无法做出解释，在不能确定其是否影响水的测定之前应慎重使用此法。

三、挥发分、水分、样品密度的测定偏差对 VOC 结果的影响

在检测工作中，结果通常不是由一步测定直接得到的，而是由许多测定值通过计算才能确定。每项测定值都有偏差，这些偏差最后都要引入分析结果中，因而必须了解测定偏差如何影响分析结果。正如水性涂料 VOC 值是由下列三项测定值计算出的。这三项包括：挥发

分（V）、水分［$w(H_2O)\%$］、样品密度（$\rho_{样}$）。从对测试结果的数据分析看，挥发分测定结果的相对偏差应小于 0.5%，密度的相对偏差应小于 0.1%，含水量的相对偏差应小于1%。下面利用上述三项测试的相对偏差来计算 VOC 结果的相对偏差。

考虑到检测中的偏差是双向的，所以对 VOC 相对偏差的计算时使用偏差的极值。

VOC 计算结果的相对偏差是由 $w(H_2O)(\%)/V$ 比值来确定的，密度对计算 VOC 的相对偏差为一定值，其影响可忽略不计。当 $w(H_2O)(\%)/V$ 比值趋近 1 时，VOC 计算结果的相对偏差趋近无穷大。其在检测上的意义为 $w(H_2O)(\%)$值接近 V 值，即 VOC 值接近零。对 77 个申请中国环境标志企业的 196 个水性涂料测试数据统计得出水性涂料含水量［$w(H_2O)\%$］的平均值为 43.4%，密度（$\rho_{样}$）的平均值为 1.3917g/mL。下面用不同的 VOC 相对偏差值（ΔVOC/VOC）计算 $w(H_2O)(\%)/V$ 比值，再根据统计出的含水量［$w(H_2O)(\%)$］的平均值计算挥发分（V），以此计算 VOC、TVOC。结果见表 5-7。另外，可根据测试得到的含水量［$w(H_2O)(\%)$］、挥发分（V）数据估算出 VOC 结果的偏差范围。

表 5-7 取 $w(H_2O)$ 为 43.4%、$\rho_{样}$ 为 1.3917g/mL 时，不同的 VOC 相对偏差所对应的 VOC、TVOC 值

ΔVOC/VOC	5%	10%	20%	30%	50%	100%	200%	500%	1000%
$w(H_2O)(\%)/V$	0.733	0.854	0.924	0.948	0.969	0.984	0.992	0.997	0.998
V/%	59.2	50.8	47.0	45.8	44.8	44.1	43.7	43.5	43.5
VOC/(g/L)	220	103	50	33	20	10	5	2	1
TVOC/(g/L)	557	261	126	83	50	25	12	5	2

由此可看出现有的国家标准（GB 18582—2001）、行业标准（HBC 12—2002）不适用对低 VOC 涂料的检测。表 5-7 中 VOC 含量为 30g/L、TVOC 含量为 80g/L 时，其相对偏差大于 30%，若 VOC 含量为 1g/L 时，其相对偏差高达 1000%。如果要求 VOC 结果的相对偏差小于 10%的话，现有的国家标准（GB 18582—2001）和行业标准（HBC 12—2002）仅适用于 VOC 含量大于 100g/L、TVOC 含量大于 250g/L 的水性涂料。用现有的标准检出的零 VOC 涂料是不科学的，即用常量的测试方法来确定微量 VOC 是不合理的。对涂料 VOC 含量的技术要求较严格的标准应考虑利用其他检测方法。例如：ISO 11890-1（色漆和清漆挥发性有机化合物含量测定差的方法）适用于检测 VOC 含量大于 15%的涂料，此标准与美国 ASTM D 3960-01（油漆和相关涂料中挥发性有机化合物含量的测定）相似。ISO 11890-2（色漆和清漆挥发性有机化合物含量测定气相色谱法）适用于检测 VOC 含量在 0.1%～15%的涂料。德国蓝天使 BASIC CRITERIA FOR THE AWARD OF THE ENVIRONMENTAI LABEL Low-Emission Wall Paints RAL-UZ 102（授予环境标志的基本标准——低挥发性有机化合物墙体涂料）要求按 DIN 55649 标准检测涂料中的 VOC 含量，此标准适用于检测 VOC 含量小于 0.1%的涂料。

另外，由于水性涂料（多组分、多形态物质混合物）的特点，检测时所取试样是否能代表涂料整体就成为影响 VOC 值准确性的主要因素。如何使水性涂料样品均匀，廊坊立邦涂料有限公司提供了如下试验结果：分别在 1L、5L 包装的白色涂料中加入一定量的颜料色浆，用振动混合机（型号：SO-40a；功率：0.75kW）混匀样品，和人工混匀样品进行比较。均匀程度是以下述试验判断的：在 1L、5L 装乳胶漆中加入 1%的黑色浆，并进行混样。取不同时间混样的涂料用 150μm 涂布器在 13cm×15cm 的白纸卡上刮卡，流平 5min 后，放入 55℃的鼓风干燥箱中干燥 15min，用 CE-7000A 仪器进行测试（光源为 D 65 光源）。相邻两个时间段的涂料色差平均值相比小于 0.05，则认为混样均匀。振动混样器耗时 3min 混匀样品，人工耗时（5L 包装）25min、（1L 包装）6min 混匀样品。根据上述结果要求从整包装抽取涂料样品时，尤其是从大包装（5L 以上的包装）抽取样品时，要考虑样品是否均匀。

四、对不同 VOC 含量的涂料应选择相应的检测标准

对市场上出现的越来越多的低 VOC 含量的涂料，以及低 VOC 含量的树脂乳液，要准确地检测其 VOC 含量、降低测定误差，下面介绍国际上采用的对低 VOC 涂料的两种检测方法，利用这些标准对低 VOC 涂料进行测定，并将其结果与按国家标准（GB 18582—2001）的测定结果进行比较。

1. ISO 11890-2

色漆和清漆挥发性有机化合物含量测定气相色谱法。此标准适用于检测 VOC 含量在 0.1%～15%的涂料。

（1）原理　制备后的试样通过气相色谱技术分离挥发性有机化合物。依样品形态可选择热进样或冷进样系统。建议用热进样法。定性检验所有流出组分后，用内标法通过峰面积定量。水含量也可用此法测定，这要取决于所用仪器。计算给出样品 VOC 含量。

（2）气相色谱测试条件　气相色谱条件取决于被分析的样品，对不同的样品应该用已知混合物进行条件优化。进样体积和分流比应该调整到进样量不超过柱容量，且响应信号应在检测器线性范围内。下面的例子是水可稀释产品的测定条件。

① 热进样　进样温度 250℃，分流比 1∶40，进样体积 0.5μL，程序升温（柱烘箱）初始温度 70℃、控温 3min，以 10℃/min 升温至 200℃、控温 15min。氢火焰离子化检测器温度 260℃。载气为氦气。柱前压 100kPa。色谱柱为极性毛细管色谱柱，25m×0.2mm×0.2μm 膜厚。

② 冷进样系统（具有程序升温功能的进样器）　进样温度 30℃，以 10℃/min 升温至 100℃、控温 10s，再以 10℃/min 升温至 260℃、控温 240s，分流比 1∶20，进样体积 0.2μL，程序升温（柱烘箱）初始温度 50℃、控温 4min，以 8℃/min 升温至 240℃、控温 10min。氢火焰离子化检测器温度 280℃，载气为氢气。柱前压 150kPa。色谱柱为非极性毛细管色谱柱，50m×0.32mm×1μm 膜厚。

（3）测试步骤

① 定性　取适量的样品溶于甲醇中（如样品中含有甲醇，改用其他溶剂，如四氢呋喃），利用气相色谱-质谱联用技术或气相色谱-红外光谱联用技术对所有流出组分进行定性分析。

② 定量　选择合适的内标物（如异丁醇、乙二醇二甲醚），测定经定性分析的所有组分的相对响应因子（测定相对响应因子需所有组分的标准品，如购买不到标准品，可设定其相对响应因子为 1）。称取一定量的样品，加入适量的内标物，用甲醇稀释至适当的体积，按上述条件检测，依据标准中给出的公式计算所有组分的含量。VOC 含量为所有组分的含量之和。如果以 g/L 为单位表示 VOC 含量，还需按 ISO 2811 检测涂料密度。如果以挥发性有机化合物与扣除水分后的样品体积的比值表示 VOC 含量，还需按 ISO 760 检测涂料中的水分。

2. 德国蓝天使 BASIC CRITERIA FOR THE AWARD OF THE ENVIRONMENTAL LABEL Low-Emission Wall Paints RAL-UZ 102（授予环境标志的基本标准——低挥发性有

机化合物墙体涂料）。

要求按 DIN 55649 标准检测涂料中的 VOC 含量。此标准适用于检测 VOC 含量小于 0.1%的涂料。

（1）原理　经缓冲溶液稀释后的试样注入顶空瓶中，并加热至 150℃，用顶空进样器注入非极性毛细管中，积分保留时间低于十四烷保留时间的所有组分，用四种不同浓度的混合标准贮备液以标准叠加法外推，定量测定 VOC 含量。

（2）测试条件（一般条件）　顶空进样器温度 150℃，控温 4min，气体传输线温度 160℃，色谱柱非极性毛细管色谱柱（涂层为 95%二甲基硅油和 5%苯基硅油），30m×0.32mm×1μm 膜厚，进样温度 250℃，程序升温（柱烘箱）初始温度 100℃，以 10℃/min 升温至 280℃，氢火焰离子化检测器温度 280℃，载气流速 1.8mL/min，分流比 1∶10。

（3）测试步骤　称取经 pH 为 5.0 的柠檬酸缓冲溶液处理后的试样于 5 个顶空瓶中，在其中 4 个顶空瓶中加入不同量的混合标准液，混合标准液是由乙二醇单丁醚、乙二醇单丁醚醋酸酯、丁醇、醋酸丁酯、2-乙基己基丙烯酸酯、苯乙烯、醋酸乙烯酯等配制的。配制后立即将瓶盖封好，放入已预热到 150℃的顶空进样器中平衡 4min 后自动导入气相色谱仪中进行检测，积分保留时间低于十四烷保留时间的所有组分。检测结果以峰面积 y 为纵坐标，以混合标准液中的组分在试样中的量为横坐标作图，延长直线取其与 x 轴交点处的数值为测定值或进行线性回归，取峰面积 y 为零时，计算出 x 为试样中被测组分的含量。根据试样的处理过程，按标准中给出的公式计算涂料样品中 VOC 的含量。

3. 不同的标准对低 VOC 涂料的测定结果

从以往测试环境标志认证的涂料样品中选取几种进行比较测试，结果见表 5-8、表 5-9。

表 5-8　按 GB 18582—2001、ISO 11890-2 测试水性涂料 VOC 含量

样品编号	按 GB 18582—2001 检测/(g/L)	按 ISO 11890-2 检测/(g/L)
RW-03-020	27	36
RW-03-030	34	25

表 5-9　按 GB 18582—2001、DIN 55649 测试水性涂料 VOC 含量

样品编号	按 GB 18582—2001 检测/(g/L)	按 DIN 55649 检测/(mg/kg)
RW-03-024	未检出	682
RW-03-045	未检出	425

从表 5-8 中的测试结果可看出按不同的标准所得结果相差很大。从表 5-9 中的测试结果看国家标准不能满足对低 VOC 含量的测试。

五、讨论

涂料 VOC 含量的测定结果是否准确依赖于测试方法是否科学，测试步骤是否合理。无论什么标准都有一定的适用范围，超出标准的适用范围，其对产品的检测结果在一定范围内是不能相互比较的。如 ISO 11890-1（色漆和清漆挥发性有机化合物含量测定）适用于检测 VOC 含量大于 15%的涂料，如果以 g/L 为单位，其适用范围应大于 210g/L[1]，利用此标准对 VOC 含量小于 210g/L 的涂料检测时，其检测结果在一定范围内无法判别其产品的优劣。例如对 VOC 含量为 120g/L、150g/L 的两个产品，不能说明哪个产品环境行为更好，哪个

[1] 此值为估算值，即 15%的 VOC 含量乘以水性涂料密度（$\rho_{样}$）的平均值以及系数。

较差。表 5-9 中的测试数据更能说明此问题，同样是两个未检出 VOC 的产品，但按其他标准可检测出不同的结果。

有的企业声称自己产品的某项限量指标为 0，例如 VOC 为 0，即所谓的“零 VOC”水性涂料，作者认为这是不科学的，“零 VOC”是不可能的（无机涂料除外）。检测报告中的“未检出”，只能说明其含量低于所用检测标准的检出限，不能解释为“0”，当使用更灵敏的检测方法时，还是能检出的。

第六节 环氧酚醛涂料的各项卫生指标的测定

一、主题内容与适用范围

本法规定了食品罐头内壁环氧酚醛涂料的各项卫生指标的测定方法。

本法适用于食品罐头内壁环氧酚醛涂料的各项卫生指标的测定。

二、引用标准

GB 4805 食品罐头内壁环氧酚醛涂料

GB/T 5009.60 食品包装用聚乙烯、聚苯乙烯、聚丙烯成型品卫生标准的分析方法

三、取样方法

① 同时出厂的、同规格的若干包涂料铁皮（称为一个货批），随意地按 20 包称为若干货组，不足 20 包的余数应称做一个货组。

② 每货组随意地取一包进行检验。货批不足 20 包时，应抽两包进行检验。

③ 应在被检验的每一包上、中、下三部位分别随意连续各抽 7 张（共 21 张），分别注明产品名称、批号、取样日期、货批合格证号。进行涂料铁皮卫生、理化检验和外观检验。在外观检验的样品中留 3 张保存 3 个月，以备做仲裁分析用。

四、感官检查（包括原材料和成型品）

① 涂料膜 呈金黄色，光洁均匀，经模拟液浸泡后，色泽正常，无泛白、脱落现象。

② 涂料膜浸泡液 无异色，无异味，不浑浊。

应符合 GB 4805 的规定。

五、样品处理

① 将涂料铁皮裁成一定尺寸，用肥皂水或洗衣粉在涂层表面刷 5 次；在露铁面（无涂层面）来回刷 10 次，用自来水冲洗 0.5min，再用水清洗 3 次，晾干备用，浸泡液量按涂层面积每平方厘米加 2mL 计算。

② 取同批号被测空罐 3～4 个，用肥皂水或洗衣粉转刷 5 次，用自来水冲洗 0.5min，再用水清洗 3 次，晾干。加入浸泡液至离罐口 0.6～0.7cm，盖好罐盖，外加锡纸扎紧，然后保温浸泡，完成浸泡倒入硬质玻璃容器备用。

六、浸泡条件

① 水 95℃，30min；

② 乙醇（20%） 60℃，30min；

③ 醋酸（4%） 60℃，30min；

④ 正己烷 37℃，2h。

以上含水浸泡液以及分析用水不得含酚和氯。一般用活性炭吸附过的蒸馏水（1000mL蒸馏水加入1g色层分析用的活性炭，充分搅拌，10min后静止，过滤待用）。

七、理化检验

1. 游离酚

(1) 滴定法（适用于树脂）

① 原理　利用溴与酚结合成三溴苯酚，剩余的溴与碘化钾作用，析出定量的碘，最后用硫代硫酸钠滴定析出的碘，根据硫代硫酸钠溶液消耗的量，即可计算出酚的含量。

② 试剂

a. 盐酸；

b. 三氯甲烷；

c. 乙醇；

d. 饱和溴溶液；

e. 碘化钾溶液（100g/L）；

f. 淀粉指示液　称取0.5g可溶性淀粉，加少量水调至糊状，然后倒入100mL沸水中，煮沸片刻，临用时现配；

g. 溴标准溶液 [$c(1/2Br_2)=0.1mol/L$]；

h. 硫代硫酸钠标准滴定溶液 [$c(Na_2S_2O_3)=0.1mol/L$]。

③ 分析步骤　称取约1.00g树脂或环氧酚醛涂料样品（最好是现生产的），小心放入蒸馏瓶内，以20mL乙醇溶解（如水溶性树脂用20mL水），再加入50mL水，然后用水蒸气加热蒸馏出游离酚，馏出溶液收集于500mL容量瓶中，控制在40～50min内馏出蒸馏液300～400mL，最后取少许新蒸出液样，加1～2滴饱和溴水，如无白色沉淀，证明酚已蒸完，即可停止蒸馏，蒸馏液用水稀释至刻度，充分摇匀，备用。

吸取100mL蒸馏液，置于500mL具塞锥形瓶中，加入25mL溴标准溶液（0.1mol/L）、5mL盐酸，在室温下放在暗处15min，加入10mL碘化钾（100g/L），在暗处放置10min，加1mL三氯甲烷，用硫代硫酸钠标准滴定溶液（0.1mol/L）滴定至淡黄色，加1mL淀粉指示液，继续滴定至蓝色消褪为终点。同时用20mL乙醇加水稀释至500mL，然后吸取100mL进行空白试验（如水溶性树脂则以100mL水做空白试验）。

④ 计算

$$X_1=\frac{(V_1-V_2)c_1\times 0.01568}{m_1\times\frac{100}{500}}\times 100 \tag{5-9}$$

式中　X_1——样品中游离酚含量，g/100g；

V_1——试剂空白滴定消耗硫代硫酸钠标准滴定溶液体积，mL；

V_2——滴定样品消耗硫代硫酸钠标准滴定溶液体积，mL；

c_1——硫代硫酸钠标准滴定溶液的实际浓度，mol/L；

m_1——样品质量，g；

0.01568——与1.0mL硫代硫酸钠标准滴定溶液 [$c(Na_2S_2O_3)=1.000mol/L$] 相当的苯酚的质量，g。

结果的表述：报告算术平均值的三位有效数。

⑤ 允许差　相对误差≤5%。

(2) 比色法（适用于浸泡液的微量游离酚）

① 原理　在碱性溶液（pH9～10.5）的条件下，酚与4-氨基安替吡啉经铁氰化钾氧化，生成红色的安替吡啉染料，红色的深浅与酚的含量成正比。用有机溶剂萃取，以提高灵敏度，与标准比较定量。

② 试剂

a. 磷酸（1∶9）；

b. 硫代硫酸钠标准溶液［$c(Na_2S_2O_3)=0.025mol/L$］；

c. 溴酸钾-溴化钾溶液　准确称取2.78g经过干燥的溴酸钾，加水溶解，置于1000mL容量瓶中，加10g溴化钾溶解后，以水稀释到刻度；

d. 盐酸；

e. 硫酸铜溶液（100g/L）；

f. 4-氨基安替吡啉溶液（20g/L）贮于冰箱能保存一星期；

g. 铁氰化钾溶液（80g/L）；

h. 缓冲液（pH9.8）　称取20g氯化铵于100mL氨水中，盖紧贮于冰箱；

i. 三氯甲烷；

j. 碘化钾；

k. 淀粉指示液　称取0.5g可溶性淀粉，加少量水调成糊状，然后倒入100mL沸水中，煮沸片刻，临用时现配；

l. 酚标准溶液　准确称取新蒸182～184℃馏程的苯酚约1g，溶于水中，移入1000mL容量瓶，加水稀释至刻度；

m. 酚标准使用液　吸取10mL待测定的酚标准溶液，放入250mL碘量瓶中，加入50mL水、10mL溴酸钾-溴化钾溶液，随即加5mL盐酸，盖好瓶塞，缓缓摇动，静置10min后加入1g碘化钾。同时取10mL，同上步骤做空白试验，用硫代硫酸钠标准滴定溶液（0.025mol/L）滴定空白和酚标准溶液，当溶液滴至淡黄色后加入2mL淀粉指示液，继续滴至蓝色消失为终点。

按式（5-10）计算酚含量。

$$X_2=\frac{(V_3-V_4)c_2\times 15.68}{V_5} \tag{5-10}$$

式中　X_2——酚标准溶液中酚的含量，mg/mL；

V_3——空白滴定消耗硫代硫酸钠标准滴定溶液的体积，mL；

V_4——酚标准溶液滴定消耗硫代硫酸钠标准滴定溶液的体积，mL；

c_2——硫代硫酸钠标准滴定溶液实际浓度，mol/L；

V_5——标定用酚标准使用液体积，mL；

15.68——与1.00mL硫代硫酸钠［$c(Na_2S_2O_3)=1.000mol/L$］标准滴定溶液相当的酚的质量，mg。

根据上述计算的含量，将酚标准溶液稀释至1mg/mL，临用时吸取10mL，置于1000mL容量瓶中，加水稀释至刻度，使此溶液每毫升相当于10μg苯酚。再吸取此溶液10mL，置于100mL容量瓶中，加水稀释至刻度，此溶液每毫升相当于1.0μg苯酚。

③ 仪器　可见分光光度计。

④ 分析步骤

a. 标准曲线制备　吸取 0mL、2.0mL、4.0mL、8.0mL、12.0mL、16.0mL、20.0mL、30.0mL 苯酚标准使用液（相当于 0μg、2.0μg、4.0μg、8.0μg、12.0μg、16.0μg、20.0μg、30.0μg 苯酚），分别置于 250mL 分液漏斗中，各加入无酚水至 200mL，各分别加入 1mL 缓冲液、1mL 4-氨基安替吡啉溶液（20g/L）、1mL 铁氰化钾溶液（80g/L），每加入一种试剂，要充分摇匀，放置 10min，各加入 10mL 三氯甲烷，振摇 2min，静止分层后将三氯甲烷层经无水硫酸钠过滤于具塞比色管中，用 2cm 比色皿，以试剂空白为参比调节零点，于波长 460nm 处测吸光度，绘制标准曲线。

b. 测定　量取 250mL 水浸泡样品混合液，置于 500mL 全磨口蒸馏瓶中，加入 5mL 硫酸铜溶液（100g/L），用磷酸（1∶9）调节 pH 在 4 以下[亦可用 2 滴甲基橙指示液（1g/L）调至溶液为橙红色]，加入少量玻璃珠进行蒸馏，在 200mL 或 250mL 容量瓶中预先放入 5mL 氢氧化钠溶液（4g/L），接收管插入氢氧化钠溶液液面下接受蒸馏液，收集馏液至 200mL。同时用 250mL 无酚水按上法进行蒸馏，做试剂空白试验。

将上述全部样品蒸馏液及试剂空白蒸馏液分别置于 250mL 分液漏斗中，各分别加入 1mL 缓冲液、1mL 4-氨基安替吡啉溶液（20g/L）、1mL 铁氰化钾溶液（80g/L），每加入一种试剂，要充分摇匀，放置 10min，各加入 10mL 三氯甲烷，振摇 2min，静止分层后将三氯甲烷层经无水硫酸钠过滤于具塞比色管中，用 2cm 比色皿，以试剂空白为参比调节零点，于波长 460nm 处测吸光度。与标准曲线比较定量。

⑤ 计算

$$X_3=\frac{(m_2-m_3)\times 1000}{V_6\times 1000} \tag{5-11}$$

式中　X_3——样品浸泡液中游离酚的含量，mg/L；

m_2——测定样品浸泡液中游离酚的质量，μg；

m_3——试剂空白中酚的质量，μg；

V_6——测定用浸泡液体积，mL。

空罐浸泡液游离酚含量换算成 2mL/cm^2 浸泡液游离酚含量的公式如下：

$$X_4=X_3\frac{V_7}{S\times 2} \tag{5-12}$$

式中　X_4——测定样品水浸泡液中换算后的游离酚含量，mg/L；

X_3——样品浸泡液中游离酚的含量，mg/L；

S——每个空罐内面总面积，cm^2；

V_7——每个空罐模拟液的体积，mL。

结果的表述：报告算术平均值的两位有效数。

⑥ 允许差　相对误差≤10％。

2. 游离甲醛

（1）原理　甲醛与变色酸在硫酸溶液中呈紫色化合物，其颜色的深浅与甲醛含量成正比，与标准比较定量。

（2）试剂

① 盐酸。

② 盐酸（1∶1）。

③ 氢氧化钠溶液（4g/L）。

④ 氢氧化钠溶液（40g/L）。

⑤ 硫酸（1∶35）。

⑥ 硫酸（1∶359）。

⑦ 淀粉溶液（10g/L） 称取 0.5g 可溶性淀粉，加少量水调至糊状，然后倒入 100mL 沸水中，煮沸片刻，临用时现配。

⑧ 碘标准滴定溶液［$c(1/2I_2)$=0.1mol/L］。

⑨ 硫代硫酸钠标准滴定溶液［$c(Na_2S_2O_3)$=0.1mol/L］。

⑩ 变色酸溶液 称取 0.5g 变色酸，溶于少许水中，移入 10mL 容量瓶中，加水至刻度，溶解后过滤，取 5mL 放入 100mL 容量瓶中，慢慢加硫酸（1∶359）至刻度，冷却后缓缓摇匀。

⑪ 甲醛标准溶液 吸取 10mL 甲醛（38%～40%）于 500mL 容量瓶中，加入 0.5mL 硫酸（1∶35），加水稀释至刻度，混匀。吸取 5mL，置于 250mL 碘量瓶中，加 40mL 碘标准溶液（0.1mol/L）、15mL 氢氧化钠溶液（40g/L），摇匀，放置 10min，加 3mL 盐酸（1∶1）［或 20mL 硫酸（1∶35）］酸化，再放置 10～15min，加入 100mL 水，摇匀，用硫代硫酸钠标准滴定溶液（0.1mol/L）滴定至草黄色，加入 1mL 淀粉指示液继续滴定至蓝色消失为终点，同时做试剂空白试验。

计算：

$$X_5=\frac{(V_8-V_9)c_3\times 15}{5} \tag{5-13}$$

式中 X_5——甲醛标准溶液的浓度，mg/mL；

V_8——试剂空白滴定消耗硫代硫酸钠标准滴定溶液的体积，mL；

V_9——样品滴定消耗硫代硫酸钠标准滴定溶液的体积，mL；

c_3——硫代硫酸钠标准滴定溶液的实际浓度，mol/L；

15——与 1.0mL 碘标准滴定溶液［$c(1/2I_2)$=1.000mol/L］相当的甲醛的质量，mg；

5——标定用甲醛标准溶液的体积，mL。

⑫ 甲醛标准使用液 根据上述计算的含量，将甲醛标准溶液稀释至每毫升相当于 1.0μg 甲醛。

(3) 仪器 可见分光光度计。

(4) 分析步骤

① 标准曲线制备 吸取 0mL、2.0mL、4.0mL、8.0mL、12.0mL、16.0mL、20.0mL、30.0mL 甲醛标准使用液（相当于 0μg、2.0μg、4.0μg、8.0μg、12.0μg、16.0μg、20.0μg、30.0μg 甲醛），分别置于 200mL 容量瓶中，各加水至刻度，摇匀。各吸取 10mL，分别放入 25mL 具塞比色管中，各加入 10mL 变色酸溶液，显色，待冷却至室温，用 2cm 比色皿，以试剂空白为参比调节零点，于波长 575nm 处测吸光度，绘制标准曲线。

② 测定 量取 250mL 水浸泡混合液，置于 500mL 全磨口蒸馏瓶中，加入 5mL 硫酸（1∶2），加少量瓷珠进行蒸馏，在 200mL 或 250mL 容量瓶中预先加入 5mL 硫酸（1∶2），接收管插入硫酸液面下接受蒸馏液，收集馏出液至 200mL。同时用 250mL 水按上法进行蒸馏，做试剂空白试验。如果浸泡液澄清，可不需要蒸馏。

吸取上述 10mL 样品蒸馏液及试剂空白蒸馏液于 25mL 具塞比色管中，各加入 10mL 变色酸溶液显色，冷却到室温，按上进行比色。

③ 计算

$$X_6=\frac{(m_4-m_5)\times 1000}{250\times 1000} \tag{5-14}$$

式中　X_6——样品水浸泡液中甲醛的含量，mg/L；

m_4——测定用样品浸泡液甲醛的质量，μg；

m_5——试剂空白中甲醛的质量，μg；

250——蒸馏用浸泡液体积，mL。

空罐浸泡液甲醛含量换算成 $2mL/cm^2$ 浸泡液甲醛含量同式（5-12）。

结果的表述　报告算术平均值的三位有效数。

④ 允许差　相对误差≤10%。

3. 高锰酸钾消耗量

按 GB/T 5009.60 中第 5 章操作。

4. 蒸发残渣

（1）分析步骤　取各种浸泡液 200mL，分别置于预先在 105～110℃干燥至恒量的蒸发皿或浓缩瓶中，在沸水浴上蒸干后移至 105℃恒温烘箱干燥 2h，取出，置干燥器冷却后称量，同时取 200mL 试剂浸泡液做一试剂空白试验。

（2）计算

$$X_7=\frac{(m_6-m_7)\times 1000}{V_{10}}\times 1000 \tag{5-15}$$

式中　X_7——样品浸泡液的蒸发残渣，mg/L；

m_6——测定用样品浸泡液蒸发残渣质量，g；

m_7——试剂空白溶液蒸发残渣质量，g；

V_{10}——测定用样品浸泡液体积，mL。

结果的表述：报告算术平均值的三位有效数。

（3）允许差　相对误差≤10%。

习　题

1. 什么是涂料？涂料具有什么作用？
2. 涂料由哪几类组成？
3. 甲醛是涂料中常见的有毒物质，具有哪些毒害作用？
4. 试述氨基树脂中游离甲醛测定的基本原理。
5. 指出氯苯、苯和二氯苯的含量测定的气相色谱条件。
6. 气相色谱法测定聚氨酯涂料中游离甲苯二异氰酸酯的原理是什么？应注意些什么？
7. 什么是卡尔·费休滴定？应注意些什么？
8. 食品罐头内壁环氧酚醛涂料的各项卫生指标包含哪些项目？如何进行测定？

第六章　颜料、染料分析

学习目标

1. 掌握颜料及染料的结构特点。
2. 了解各类染料的分光光度法分析原理。
3. 掌握偶氮染料的测定。
4. 了解漆膜颜色表示及测量方法。

第一节　概　述

颜料和染料一般都是自身有颜色，并能以分子状态或分散状态使其他物质获得鲜明和牢固色泽的物质。但是染料与被着色物质的作用从里到外，分散于着色物质中，而颜料通常只作用于物体表面。

一、颜料

颜料分为有机颜料和无机颜料。

有机颜料为不溶性的有色有机物，它不溶于水，也不溶于使用它们的各种底物中。有机颜料与染料的差别在于它与被着色物体没有亲和力，只有通过胶黏剂或成膜物质将有机颜料附着在物体表面，使物体着色。

有机颜料与无机颜料相比，通常具有较高的着色力，颗粒容易研磨和分散，不易沉淀，色彩也较鲜艳，但耐晒、耐热、耐气候性能较差。颜料特性包括耐晒、耐水浸、耐酸、耐碱、耐有机溶剂、耐热、晶型稳定性、分散性、抗迁移性及遮盖力等。

有机颜料普遍用于油墨、涂料、橡胶制品、塑料制品、文教用品和建筑材料物的着色，还用于合成纤维的原浆着色和织物涂料印花。

二、颜料的分类和结构

有机颜料按其化学结构可以分成偶氮颜料和色淀。

1. 偶氮颜料

分子结构中含有偶氮基（—N＝N—）的水不溶性的有机化合物，是有机颜料中品种最多和产量最大的一类。

如：耐晒黄 G

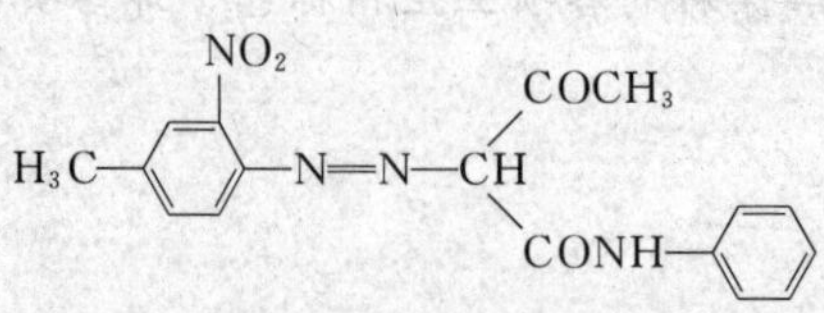

NO_2

$COCH_3$

H_3C—⟨苯环⟩—N＝N—CH

CONH—⟨苯环⟩

2. 色淀

水溶性染料（如酸性、直接、碱性染料）与沉淀剂作用生成的水不溶性的颜料。沉淀剂主要为酸、无机盐、载体等。

如：立索尔大红

异吲哚啉酮黄

2,3-喹吖啶酮

永固紫 RL

三、染料

染料是指能使其他物质获得鲜明而牢固色泽的一类有机化合物，由于现在使用的颜料都是人工合成的，所以也称为合成染料。

我国采用 30 个色泽名称。例如，金黄、嫩黄、黄、深黄、大红、红、桃红、玫瑰红、品红、枣红、红紫、紫、翠蓝、蓝、湖蓝、艳蓝、深蓝、翠绿、绿、艳绿、橄榄绿、深绿、黄棕、棕、红棕、灰、黑等。颜色的名称前可以加形容词：嫩、艳、深。

四、染料的分类及结构

1. 偶氮染料

在分子结构中含有偶氮基的染料称为偶氮染料。在染料中品种最多，包括单偶氮、双偶氮和多偶氮。

2. 蒽醌染料

这种化合物结构中含有蒽醌结构或者多环酮。其数量在染料中居第二，仅次于偶氮染料，也是染料中很重要的一类化合物。

3. 硝基和亚硝基染料

指结构中含有硝基或者亚硝基的染料。

4. 靛族染料

是一类含有共轭体系 $-\overset{\overset{O}{\|}}{C}-\underset{|}{C}=\overset{|}{C}-\underset{\underset{O}{\|}}{C}-$ 的靛族或者和硫黄母体结构的不溶性还原染料，也可认为是以靛蓝为母体结构的衍生物或相似结构的染料。

5. 硫化染料

硫化染料是某些芳香族化合物与硫或多硫化钠相互反应而生成的本身不溶于水的产物，生产时要用还原剂硫化钠溶液，所以叫硫化染料。

6. 芳甲烷类染料

芳甲烷类染料是一个碳上连接有几个芳基结构的染料，连接两个芳基的叫二芳甲烷类染料，连接三个芳基的叫三芳甲烷类染料。

7. 菁系染料

也称亚甲基染料，是分子结构中含有一个或多个亚甲基的染料，该染料大多为阳离子型染料，因其具有良好的特性而被广泛应用于腈纶纤维的染色和照相增感剂中。

8. 酞菁染料

含有酞菁金属络合（四氮卟吩）结构的染料，主要有翠绿和翠蓝两个品种。

9. 杂环类染料

杂环类染料如咕吨、啶、嗪、唑、噻吩等。

如果按用途，一般将染料分为酸性染料、中性染料、碱性染料（也叫阳离子染料）、直接染料、还原染料、分散染料、硫化染料、冰染染料。

第二节　染料的分光光度法定量分析

一、商品染料

商品染料往往掺和各种添加剂如盐、糖、糊精、尿素、硼酸、分散剂、润湿剂等。当用商品染料研究染色过程如染色机理时，一般可直接用商品染料做标准曲线，不必用纯染料，这样比较方便，也不影响效果。然而在许多科学研究工作中，常常要求测定染料的绝对含量。未知浓度的染料溶液或染色过程中染料溶液的染料含量要与标准溶液进行分光对比才能确定，或者事先用其他物理方法和化学方法对纯染料进行定量分析并标定出一条工作曲线，然后用光谱法测定并与该绝对定量的工作曲线比较求出染料的绝对含量。制备染料溶液时，取样要有代表性。结果的好坏也取决于取样。膏状染料要很好搅拌后取样，对一些吸水的染料应当注意样品中含水量问题。

1. 水溶性染料

先将商品染料配成一定浓度的水溶液，再与已知浓度的相同染液比较吸光度，测量时要求这两种染料溶液必须处于同一聚集状态，为此最好使染料能在任何情况下均为真正的单分子溶液，关于这一点可选择适当的溶剂。很多染料在水溶液中的光谱与 pH 有关，因此，在测量时应使所有溶液在相同的 pH 条件下进行分析。

2. 还原染料

还原染料可以转变为隐色体水溶液，然后进行光谱分析。然而隐色体溶液较不稳定，接触空气的表面易于形成染料薄膜，故测量时应在密闭池中进行。当加入1%环氧乙烷聚合物后，稳定度显著提高，如将其贮藏于带盖烧瓶中，至少可以稳定24h。硫化染料也可以在硫化钠水溶液中进行测定。曾有人提到，在多环还原染料的光谱定量分析中，溶液呈胶体状态或分子溶液的效果是一样的。当然测定不溶性染料最正确的方法应当是选择适当的溶剂，使染料成真溶液，例如用邻氯苯酚、四乙基戊胺、二乙醇胺、三乙醇胺、羟乙基乙二胺等，其中以四乙基戊胺效果最好，氯化阴丹士林蓝在其中溶解度达10g/L，硫化染料尚未找到满意的溶剂，它们在乙二醇、硫（代）二甘醇及硫酸钠中仅可以溶解一部分。

3. 冰染色酚

冰染色酚可溶于苛性碱中，故在苛性碱溶剂中测定之，虽然冰染色酚的溶液无色或仅呈淡黄色，但在紫外及近蓝光谱部分有强吸收。因此可以用紫外分光测量（应当注意，纳夫妥商品中通常含有扩散剂，也能吸收紫外线）。

4. 荧光增白剂

荧光增白剂也可以用紫外分光定量。

二、染浴中的染料

测定染浴中的水溶性染料时，吸收光谱一般不会随时间而改变。然而当染浴中有水不溶性染料或水不溶性染色添加剂时，常常会有聚集现象发生，所以，应当加入与水互溶的溶剂如丙酮、甲醇、吡啶或N,N-二甲基甲酰胺（DMF）以维持染浴始终是一个均匀而稳定的溶液。

从染浴中上染于纤维的染料量，习惯上只是测定染浴中消耗掉的染料量，然而这不是一个满意的方法，其数值一般偏高，原因在于染料浓度的减少并不完全是染料吸着在纤维内的函数，有些染料可能沉积在纤维表面上，有些染料在染浴中可以水解或受热分解而损失。因此单从测定染浴中的染料含量来控制纤维上染料的含量是不合理的。吸着在纤维上的染料一般比在染浴中更稳定，所以通过测定纤维上染料含量的效果会更好。

三、纤维表面上的染料

1. 透射法测定

吸附在纤维表面上的染料是用适当的可以溶解染料的溶剂萃取（表6-1）后确定的，但溶剂不应当膨化纤维，以免使吸着在纤维内部的染料也被萃取出来。在进行染料的竭染染色中，测定全纤维表面上吸着的染料是为了测定从纤维表面渗透到纤维内层的染料，以获得连续染色操作中染料的固着率。这种情况最好是从同一样品上萃取共固着和非固着染料，然后计算其固色率。聚酯表面上未固着的染料能用经稳定的二甲基甲酰胺萃取，染料在室温下每次萃取3min，换新溶剂后再次萃取，直到萃取液无色为止（一般第二次就可以），然后再在140℃用经稳定的二甲基甲酰胺萃取纤维内部的染料，萃取出来的染料量用分光光度法测定。

若未经洗涤的织物表面含有相当数量的分散剂及轧染浆时，可加10%（体积）水到萃取液中，以除去夹杂在水溶性添加剂中的表面染料，还可借以排除光的散射和染料分子的聚集。为了达到测量条件一致，要在萃取纤维内部固着的染料及在参比溶液（萃取未染色的纤维）中加同样量的水。

2. 反射法测定

在纤维表面上的染料用反射光定量分析速度快，不破坏染料结构。其测量原理与目测评

表 6-1　染色织物上染料定量分析时采用的溶剂

溶　剂	聚丙烯腈	芳酰族聚胺	纤维素	二维醋酸纤维	三维醋酸纤维	尼龙	聚酯	聚乙烯	聚氯乙烯	聚偏二氯乙烯	羊毛
丙酮				溶解							
氢氧化镉乙二胺溶液			溶解	溶解							
γ-丁内酯	溶解			溶解							
氯苯						萃取	萃取				
氯仿					溶解		萃取				
邻氯苯酚				溶解	溶解	溶解	溶解				萃取
间甲酚					溶解	溶解	溶解				
环己醇									溶解		
N,*N*-二甲基乙酰胺(DMAC)	溶解	溶解	萃取	溶解	溶解	萃取	萃取				
二甲基甲酰胺	溶解		萃取	溶解	萃取	萃取	萃取				
二甲基亚砜	溶解	溶解		溶解	溶解						
二氧六环				溶解							
甲酸	萃取			溶解	溶解	溶解					
六氟丙醇						溶解	溶解				
二氯甲烷					溶解		萃取				
苯酚						溶解	溶解				
吡啶			萃取①			萃取①	萃取				萃取①
氢氧化钠水溶液											溶解
浓硫酸	溶解		溶解								
$CH_2ClCHCl_2$					萃取						
三氟醋酸						溶解					
甲苯或二甲苯							溶解				

① 吡啶水溶液。

定相似，但对反射率数据做出定量解释比较复杂，因为浓度与反射率间并不存在简单的线性关系，但这种困难近年来基本上已可用计算机加以克服。反射法已成为日常的工业生产控制配色以及生产自动控制系统有用的工具。着色纤维样品必须折叠至不产生反射率的改变为止，以氧化镁、硫酸钡或白瓷砖作为参比标准。每只样品应在四个不同区域上测量后取其平均值。

曾注意到，在溶液中用透射方法测定染料含量和用反射法直接测定纤维上染料含量相比，透射法准确度要高出反射法两倍，这仅仅是对于分光光度测量的准确度而言。此外，用反射法直接测定纤维上染料的含量还要受纤维上染不均匀所影响。因此，反射方法一般主要用于颜色测色和色差比较，而纤维上染料量的准确测定最好是把纤维上的染料转移到溶剂中后再测定之。

四、纤维中染料的测定

在高分子物质上像薄膜或纺织纤维上的染料含量可以用两种方法测定。①溶解法：把高分子物质和染料用溶剂一起溶解；②萃取法：用溶剂把染料萃取下来，而不溶解高分子，然后用分光光度法测定。活性染料的着色物一般要用溶解法测定。

1. 溶解法测定

用溶解法测定着色物质上染料的理想溶剂应当是在溶解纤维时不需加热，因为有些染料在热溶剂中发生分解。所用的溶剂要尽可能既能溶解纤维，也能同时溶解染料。不溶性染料有时也以分散在溶解纤维的溶剂中进行测定，溶剂应当是无色的，并能构成稳定的染料溶液，即同染料不反应、不吸水、低挥发性、无毒、无腐蚀和不着火等，然而全部满足这些条件是很困难的，因为多数溶剂都有毒。溶解度参数可以作为选择溶解纤维溶剂的参考。溶解度参数定义为内聚能密度的平方根。如果溶剂的极性和纤维相类似，溶剂就能溶解具有同样溶解度参数的纤维。常用的能溶解染色纤维的溶剂见表 6-1。

选择好溶剂后，进行着色物质上染料的分析操作是十分简单的。

一般是称取 0.1～0.3g 样品放入 25～100mL 容量瓶中，先加入溶剂约 2/3，仔细摇晃使着色物溶解，再用溶剂将体积调到标记处。空白试验是将未着色样，最好用空白染料（不加染料经过染色工艺处理的用同样溶剂溶解）作为参比溶液。

溶解法的不利之处是染料溶液中含有纤维去光剂，例如因为 TiO_2 而浑浊，TiO_2 可以用离心或沉淀法除去。用双光束分光光度计如以同样量的空白溶液作为参比溶液，可以不除去稀释剂，也能获取高准确度和精密度。

2. 萃取法测定

无论是非离子键或以离子键与纤维结合的染料，凡能溶解在萃取剂中都可以用萃取方法进行定量，但和纤维以共价键结合的活性染料用萃取方法就不能从纤维上剥离。

对萃取用的溶剂的要求与上述溶解法用的溶剂要求不尽相同，萃取剂不应溶解或分解纤维或载物，只是要求能膨化纤维。因为纤维的碎片会使溶液浑浊，以至干扰染料溶液的分光测定。

染料从聚合物上萃取是染色过程的颠倒，萃取能力取决于：①萃取剂扩散入纤维和膨胀纤维的速率；②染料在萃取剂和聚合物间的分配比例；③染料在聚合物中和溶剂中的扩散速率。按照内聚能密度概念，当聚合物的溶解度参数和溶剂溶解度参数相同时，聚合物的膨胀最大。溶解度参数能近似地指示溶剂溶解聚合物中染料的能力。

聚合物的溶解度参数只是提供选择有效萃取剂的范围，而且看来溶剂的黏度和有效截面积是重要的，因为至少在常温或接近常温时，有效的萃取剂较无效的萃取剂具有较小的分子截面积和较低的黏度。

现在已经很清楚，纤维内染料的扩散速率在超过纤维玻璃化温度 T_g 时突然增加，因此，温度增加，萃取速率也增加。

以离子力与纤维相结合的染料，例如在共聚聚酯纤维与磷酸染色席位相结合的阳离子染料不能用非离子有机溶剂氯苯等进行萃取。Kissa 研究出一种萃取剂，它能有效地将阳离子染料从聚酯上萃取出来。这种方法是利用溶解在二甲基甲酰胺或二甲基乙酰胺中的盐（MX）或酸（HX）和纤维染色席上以离子力相结合的染料阳离子进行离子交换而将纤维上的阳离子染料萃取下来：

$$\text{纤维}—SO_3^- D^+ + MX \longrightarrow \text{纤维}—SO_3^- D^+ + DX \qquad (6\text{-}1)$$

与溶解法相比较，萃取法有如下优点。

① 用于萃取法的溶剂的毒性和腐蚀性都小于溶解法用的溶剂，如氯苯或 DMF［作为分散染料在聚酯（PET）中的萃取剂］的毒性相应比邻氯苯酚或六氟-2-丙醇（HFIP）（作为纤维的溶剂）的毒性小。

② 染料萃取液是澄清的，不含有消光剂一类团体的悬浮物。

③ 萃取染料一般要求高温，因为低温萃取非常慢，在热溶剂中萃取染料的时间非常短，减小了染料分解的危险，而纤维溶解在热溶剂中需要较长的时间。

④ 萃取方法避免了纤维的溶解。因为如果在溶剂中沸腾萃取染料时间长的话，容易使染料分解，所以较好的方法是用少量溶剂重复多次地萃取，直到染料从纤维上全部移出为止。有时还要求用氮气保护，使染料不被破坏。萃取用的溶剂除了丙酮和二甲基亚砜（DMSO）外，其余都有毒，研究表明 DMSO 的毒性是相当低的。

第三节　漆膜颜色表示方法及其测量

一、颜色的基本概念

颜色是大脑经过眼和视觉神经所刺激的感觉。这种感觉是入射光照到观察物表面所反射出的光线产生电脉冲的结果，即颜色是物体性质和光源性质共同作用的结果。

物体的表面性质不同，一束入射光照射到表面上会有不同的结果。入射光可能部分或全部被反射、部分或全部透射、部分或全部被吸收。如白色表面能反射所有波长的入射光，黑色表面能吸收所有波长的入射光，绿色表面只能反射入射光的绿色射线部分，而吸收其他部分射线。

同一有色物体受到不同光源照射时，会出现不同的颜色。正常的人眼能分辨出 100 多万种不同的颜色，很容易区分相近的颜色，而色盲患者对某些颜色不太敏感。

影响正常人眼对物体颜色的判断的因素有：物体本身的性质、光源种类和明暗、物体大小及环境背景、眼睛对环境的适应性、观察角度等。

二、有关漆膜颜色的标准

GB/T 3181—1995　漆膜颜色标准

GB/T 6749—1997　漆膜颜色表示方法

GB/T 9761—88　色漆和清漆　色漆的目视比色

GB/T 11186.1—89　漆膜颜色测量方法　第一部分　原理

GB/T 11186.2—89　漆膜颜色测量方法　第二部分　颜色测量

GB/T 11186.3—89　漆膜颜色测量方法　第三部分　色差计算

GSB A2603—94　中国颜色体系样册

GSB G51001—94　漆膜颜色标准样卡

三、漆膜颜色表示方法及测量

1. 色调法

GB/T 3181—1995 规定了用色调表示漆膜颜色的方法，应结合 GSB G51001—94《漆膜颜色标准样卡》一起使用。漆膜颜色以编号加名称表示。编号由一个或两个英文字母和两位阿拉伯数字组成。英文字母表示色调，阿拉伯数字表示同一色调的不同颜色。颜色名称采用习惯的名称，如大红、中绿、深黄、浅灰等。

色调由5种主色调红（R）、黄（Y）、蓝（B）、紫（P）、绿（G），以及这5种相邻色调黄红（YR）、绿黄（GY）、蓝绿（BG）、紫蓝（PB）、红紫（RP）组成。每种色调范围又包括若干种颜色，如红色色调包括5种颜色：R01 铁红、R02 朱红、R03 大红、R04 紫红、R05 橘红。

GB/T 3181—95 包括了目前常用的主要色漆的83种颜色。GSB G51001—94 规定了该83种颜色的标准样卡。其分布情况见表6-2。

表6-2　常用色漆的色调和颜色分布情况

字母	R	YR	Y	GY	G	BG	B	PB	P	RP	合计
色调	红	黄红	黄	绿黄	绿	蓝绿	蓝	紫蓝	紫	红紫	10
颜色数	5	7	13	11	10	5	15	11	2	4	83

用这种方法表示漆膜颜色时采用目视比色法，与标准样卡对比进行测量。在自然日光条件下，或在比色箱人造日光条件下进行比色。待测试样与标准样卡并排放置。相应的边互相接触或重叠，眼睛距试样500mm观察。为提高比色精度，试样与标准样卡位置应互换。光泽差别大的漆膜应先在自然日光下观察，再在比色箱中进行观察，使照射光0°角入射，人眼以45°角观察。有争议时，应在符合国际照明委员会（CIE）标准光源 D_{65}（相关色温为6504K的平均昼光）的人造日光条件下进行比色仲裁。

2. CIE 三色色标系统数据法

GB/T 6749—1997 规定的这种方法是以国际照明委员会（CIE）规定的用仪器测得的三色色标系统数据来表示漆膜颜色。颜色坐标由三个相互垂直的矢量值明确表示出来。这种方法不适用于表示清漆和荧光漆膜的颜色。

漆膜颜色可用下列三种 CIE 三色色标系统数据之一来表示；

① 用三刺激值 X、Y、Z 表示；

② 用刺激值Y和色度坐标 x、y 表示；

③ 用 CIE 均匀色空间色坐标 L^*、a^*、b^* 表示。

三刺激值是在三色系统中，与待测光达到色匹配所需的三种原刺激的量。CIE 1931 标准色度系统，即2°视场色度系统，以 X、Y、Z 表示。CIE 1964 补充标准色度系统，即10°视场色度系统，以 X_{10}、Y_{10}、Z_{10} 表示。

三刺激值各与它们之和相比，称色度坐标。在 CIE 系统中，由三刺激值 X、Y、Z 可计算出色度坐标 x、y、z：

$$x = X/(X+Y+Z) \tag{6-2}$$

$$y = Y/(X+Y+Z) \tag{6-3}$$

$$z = Z/(X+Y+Z) = 1-x-y \tag{6-4}$$

1976年由 CIE 推荐的均匀色空间称 CIE 1976L^*、a^*、b^* 色空间。该空间是三维直角坐标系统，以明度 L^* 和色度坐标 a^*、b^* 来表示颜色在色空间中的位置。L^*、a^*、b^* 可由三刺激值 X、Y、Z 换算而来。

用这种方法测定漆膜颜色时，采用规定的光谱光度计或光电积分类测色仪。先校正测色仪，然后在 D_{65} 光源、10°视场下测定漆膜的光谱光度特性，每个试样测5点，取平均值，再计算三刺激值 X_{10}、Y_{10}、Z_{10}；也可使用三刺激值色度计直接测定三刺激值 X_{10}、Y_{10}、Z_{10}。

表示颜色时，应标明测定仪型号、测试光源、照明/观察几何条件、标准观察者及是否排除镜面光泽。

【例 6-1】 某试样采用 ACS-1800 型测色系统，在 D_{65} 光源、10°视场、照明/观察条件（d/o）、排除镜面光泽条件下，按规定测得一系列的 CIE 三色色标系统数据（平均值）。该试样的漆膜颜色可表示如下：

$X_{10}=74.35$，$Y_{10}=77.88$，$Z_{10}=66.51$，ACS-1800 测色系统，D_{65}、d/o、排除镜面光泽；

$Y_{10}=77.88$，$x_{10}=0.3399$，$y_{10}=0.3560$，ACS-1800 测色系统，D_{65}、d/o、排除镜面光泽；

$L^*=90.72$，$a^*=1.03$，$b^*=13.52$，ACS-1800 测色系统，D_{65}、d/o、排除镜面光泽。

3. 色调、明度、彩度（HV/C）标号法

色调、明度、彩度为颜色视知觉的三属性。色调判别颜色为主色或相邻色对的中间色；明度判定颜色的明暗程度，其标度以绝对黑色为 0、绝对白色为 10 作基准给予分度；彩度用以表明颜色偏离同明度中性色的程度。这种方法不适于表示清漆和荧光漆膜颜色。

（1）参照中国颜色体系样册确定颜色标号

① 彩色漆膜　将试样与中国颜色系样册（或孟塞尔颜色图册）中相应色块比较，使试样处于最接近的两张色调图片之间。先在一张色调图片上用内插（或外推）法估计试样的明度，使其精确到相邻两明度等级间隔 1/10。然后评定彩度，精确在相邻两彩度间隔的 1/5。再在另一张色调图片上对明度和彩度进行评定。

用内插（或外推）法评定试样的色调，精确到相邻两个色调间隔（2.5）的 1/5。根据色调评定结果，再对明度和彩度进行内插（或外推）计算。

彩色漆膜颜色可用色调、明度、彩度（HV/C）标号来表示，精确到一位小数。

② 无彩色（中性色）漆膜　将试样与中国颜色体系样册（或孟塞尔颜色图册）中的中性色图片的相应色块进行比较，用内插（或外推）法确定明度等级，精确到相邻两明度间隔的 1/5。

无彩色漆膜颜色用字母 N 接明度标号，再加斜线，即 NV/标号表示，精确到两位小数。

（2）用仪器测量值（Yxy）确定颜色标号　按规定，在 C 光源、2°视场并排除镜面光泽的条件下，测出试样的刺激值 Y 和色度坐标 x、y 值，每个试样测 5 个点，取平均值。根据 Y 值，在 GB/T 6749—1997 附录 A 表中查出相应的明度 V。

从 GB/T 6749—1997 附录 A 中选出最接近试样明度值的两张图。根据试样的色度坐标 x、y 值分别在两张图上查出试样的色调和彩度，再根据试样明度值，内插计算色调和彩度。

【例 6-2】 某试样在 C 光源、2°视场、排除镜面光泽时，按规定测得刺激值 $Y=46.02$，色度坐标 $x=0.500$、$y=0.454$。

当 $Y=46.02$ 时，查 GB/T 6749—1997 附录 A 表得相应明度值 $V=7.28$。

从 GB/T 6749—1997 附录 A 图上内插，当 $x=0.500$、$y=0.454$ 时，色调为 10YR，彩度为 13.5。

故试样颜色为：10YR7.3/13.5。

第四节　偶氮染料的测定

一、概述

偶氮染料及颜料在染料工业中占有很重要的地位。例如仅从分散染料一类就可以看出，

偶氮型分散染料占整个分散染料品种的60%左右。偶氮染料及颜料的定量分析可以采用还原法、库仑滴定法和极谱分析法等，其中以还原法最重要，它是基于染料结构中的偶氮基还原成氨基来定量的，实验室里一般采用 $SnCl_2$、$TiCl_3$ 及 VSO_4 等还原剂。

水溶性偶氮染料的滴定是在水溶液中进行的，偶氮型颜料和色淀不溶于水，事先要将颜料溶解在浓硫酸中，然后进行分析，亦可以在硫酸中加热使其磺化，以增加它的溶解度，再进行分析。在滴加还原剂前，必须先用 CO_2 或 N_2 把瓶内的空气除尽（避免氧气的干扰），否则分析结果不准确。整个分析过程包括还原和反滴定，都必须在 CO_2 或 N_2 气流下进行。当还原加热后冷却时，必须开大二氧化碳气流。如欲保存还原剂，也需用二氧化碳或氮气保护，尤其是氯化钛和硫酸钒溶液，它们至多保存两天就得重新配制。一般硫酸钒溶液从溶液的外观就能看出来是否被氧化，新配制的硫酸钒溶液应为紫色溶液，当变为蓝绿色时，该溶液已不能使用，必须重新配制。加入的氯化锡或氯化钛硫酸溶液必须过量（约为需要量的2倍），否则不易分析准确，但亦不必过多，以免浪费。

由于偶氮染料的还原滴定要在惰性气体保护下进行，操作上很麻烦，因此，来尼科莱叶夫等人研究了一系列酸性、分散和活性染料在甘油保护下用亚钛盐-甘油液测定偶氮基的电位滴定法，并得到了较好的结果。这种方法避免了在滴定中采用惰性气流保护的附加装置，因而简化了操作。显然，甘油的作用是为了稳定钛盐。甘油保护法已被推广到用硫酸亚铁铵在碱性介质中和用 VSO_4 代替钛盐滴定偶氮染料和硝基化合物。应当指出，采用了电位滴定后使分析结果的准确性得到显著提高，因为染料分析中所用的指示剂常常被还原产物的颜色所干扰。非水溶性的分散染料是在二甲基甲酰胺与异丙醇的混合溶剂中滴定的。

二、氯化钛法

$$R—N═N—R'+4TiCl_3+4HCl ══ RNH_2+R'NH_2+4TiCl_4 \tag{6-5}$$

精确称取0.2g纯染料，加35mL去氧蒸馏水和2mL浓盐酸溶解，再加20%酒石酸钾钠缓冲溶液25mL、浓硫酸5mL，在氮气保护下滴加0.03mol/L $TiCl_3$ 溶液40mL，再加热沸腾，至染料溶液褪色，呈 $TiCl_3$ 的紫色，稍冷后加入硫氰酸铵指示剂10mL，以0.03mol/L硫酸铁铵标准溶液滴定至呈黄橙色即为终点（以上操作均需在氮气保护下进行），同时做空白试验。

计算公式（假设一个无硝基的偶氮基）：

$$M=\frac{W\times4\times1000}{(V_{空}-V_{样})c} \tag{6-6}$$

式中 M——染料的相对分子质量；

W——纯染料的质量；

$V_{空}$，$V_{样}$——空白试验和测定时消耗的 $NH_4Fe(SO_4)_2$ 体积，mL；

c——$NH_4Fe(SO_4)_2$ 的浓度，mol/L。

三、$Ti_2(SO_4)_2$ 甘油液电位滴定法

$$RNO_2+6Ti^{3+}+6H^+ ══ RNH_2+6Ti^{4+}+2H_2O \tag{6-7}$$

$$R—N═N—R'+4Ti^{3+}+4H^+ ══ RNH_2+R'NH_2+4Ti^{4+} \tag{6-8}$$

（1）0.0166mol/L硫酸钛标准溶液的配制　将20mL化学纯硫酸加入到40mL煮沸冷却后的蒸馏水中，稍冷却，加入15mL(15%～18%）硫酸钛，煮沸1～2min，稍冷后倒入175mL甘油中，稀释到250mL，用 $FeNH_4(SO_4)_2$ 标准化。

（2）0.025mol/L $NH_4Fe(SO_4)_2$ 标准溶液的配制　称50g $NH_4Fe(SO_4)_2\cdot12H_2O$ 溶于

100mL 煮沸冷却的蒸馏水中，加入 30mL 化学纯硫酸，过滤，稀释至 1000mL，用标准 $Na_2S_2O_3$溶液标定。

(3) 分析方法 将要分析的染料试样溶于能使其完全溶解的溶剂中，配成适当浓度的溶液，取此溶液 10～20mL，加 5mL 甘油和 5～10mL 饱和柠檬酸钠溶液，加 1∶1 硫酸 2～3mL 以及 10～20mL 0.0166mol/L 硫酸钛甘油溶液，稍加热使之加快还原到终点，过量的钛盐用 0.025mol/L $NH_4Fe(SO_4)_2$ 溶液电位滴定，含量按消耗的硫酸钛计算：

$$w[Ti_2(SO_4)_2]=\frac{(c_1V_1-c_2V_2)M/n}{G\times 1000}\times 100\% \tag{6-9}$$

式中 c_1——硫酸钛的浓度；

V_1——消耗硫酸钛标准溶液的体积；

V_2——消耗硫酸铁铵的体积；

c_2——硫酸铁铵的浓度；

M——被测偶氮染料（或含硝基中间体）的相对分子质量；

n——氧化还原反应的电子数；

G——试样质量。

用甘油体积含量为 75%的亚钛盐-甘油溶液在没有惰性气流保护下电位滴定硝基或偶氮染料，操作简便，误差±1%。硫酸的加入有助于标准溶液的贮藏稳定性，否则急剧氧化。但滴定过程反应很慢，所以，需加入柠檬酸钠溶液调节 pH，使成缓冲溶液，加速反应。加入足够量的柠檬酸钠溶液后，有些滴定可在室温下进行，标准溶液的稳定性可达到 50h。

习 题

1. 什么叫做有机颜料？
2. 颜料按其化学结构可以分为哪几类？
3. 染料指的是哪一类物质？
4. 根据其结构特点，可以把染料分为几类？
5. 染料的定量分析一般采用什么方法？
6. 试述偶氮染料分析原理。

第七章　胶黏剂分析

学习目标

1. 掌握胶黏剂的结构特点。

2. 了解胶黏剂分析的基本概述，掌握相对分子质量测定的基本方法。

第一节　概　　述

一、胶黏剂的分类与组成

1. 胶黏剂的分类

胶黏剂品种繁多，用途不同，组成各异，分类方法很多，大致有如下几种。

（1）按主要组成成分分类　见图 7-1。

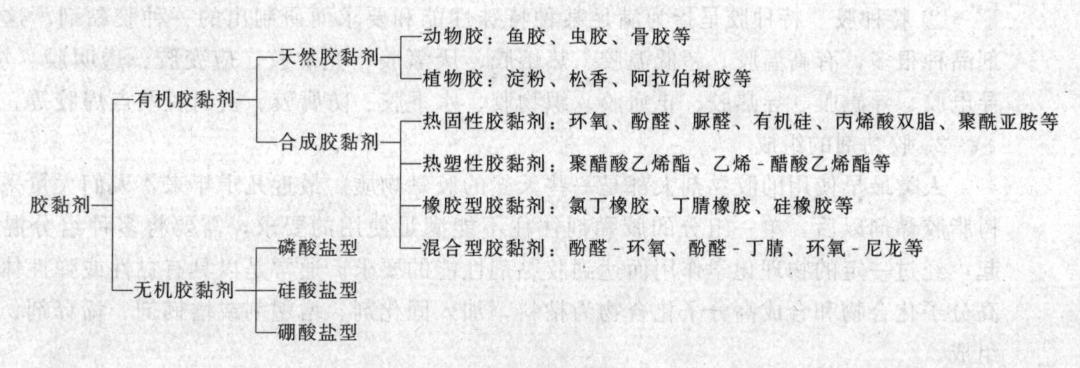

图 7-1　胶黏剂分类

（2）按粘接强度特性分类

① 结构型胶黏剂　这种胶黏剂必须具有足够的粘接强度，不仅要求有足够的剪切强度，而且要求有较高的不均匀扯离强度，能使粘接接头在长时间内承受振动、疲劳和冲击等各项载荷，同时要求这种胶黏剂必须具有一定的耐热性和耐候性，使粘接接头在较为苛刻的条件下进行工作。

② 非结构型胶黏剂　这种胶黏剂的特点是在较低的温度下剪切强度、拉伸强度和刚性都比较高，但在一般情况下，随着温度的升高，胶层容易发生蠕变现象，从而使粘接强度急剧下降。这种类型的胶黏剂主要应用于粘接强度不太高的非结构部件。

③ 次结构型胶黏剂　这种胶黏剂具有结构型胶黏剂与非结构型胶黏剂之间的特性，能承受中等程度的载荷。

（3）按固化形式分类

① 溶剂型　溶剂型胶黏剂的固化特点是：溶剂从粘接端表面挥发，或者因被粘物自身吸收而消失，形成粘接膜而发挥粘接力。固化速度随着环境的温度、湿度、被粘物的疏松程度、胶黏剂含量、粘接面的大小及加压方法等而变化。

② 反应型　反应型胶黏剂的固化特点是：由不可逆的化学变化引起固化。这种化学变化系在基体化合物中加入固化剂。按照配制方法及固化条件，可分为单组分、双组分及多组分的室温固化型和加热固化型等多种形式。

③ 热熔型　以热塑性的高聚物为主要成分，由不含水或溶剂的粒状、圆柱状、块状、棒状、带状或线状的固体聚合物通过加热熔融粘接，随后冷却固化，粘接强度增加。

（4）按外观形态分类

① 溶液型　主要成分是树脂或橡胶，在适当的有机溶剂中溶解成为黏稠的溶液。

② 乳液型　属于分散型，树脂在水中分散称为乳液；橡胶的分散体系称为乳胶。

③ 膏糊型　膏糊型胶黏剂是一种充填型优良的高黏稠的胶黏剂。

④ 粉末型　属水溶性胶黏剂，使用前先加溶剂（主要是水）调成糊状或液状。

⑤ 薄膜型　以纸、布、玻璃纤维织物等为基材，涂覆或吸附胶黏剂后，干燥成薄膜状，通常与底胶配合使用。

⑥ 固体型　热熔型胶黏剂等属于此类。

（5）按用途分类

① 通用胶　通用胶有一定的粘接强度，对一般材料都能进行粘接，如环氧树脂胶黏剂等。

② 特种胶　特种胶是指为满足某种特殊性能和要求而研制出的一种胶黏剂。这类胶黏剂品种很多，有高温胶、超低温胶、热熔胶、厌氧胶、光敏胶、应变胶、透明胶、快干胶、导电胶、导磁胶、导热胶、止血胶、织物胶、水下胶、防腐胶、密封胶及点焊胶等。

2. 胶黏剂的组成

人类最早使用的胶黏剂大都是一些天然的胶黏物质。最近几十年来，人们大量采用合成树脂胶黏剂以后，单一组分的胶黏剂往往不能满足使用的要求，需要将多种组分混合在一起，经过一定的物理化学作用而达到胶黏剂性能的要求。通常是以具有黏性或弹性体的天然高分子化合物和合成高分子化合物为粘料，加入固化剂、增塑剂或增韧剂、稀释剂、填料等组成。

胶黏剂的组成根据具体要求与用途还可包括增黏剂、阻燃剂、促进剂、发泡剂、消泡剂、着色剂、防霉剂等。

应当明确，胶黏剂的组成中除了粘料是不可缺少之外，其他成分则视需要决定取舍。

（1）粘料　粘料是胶黏剂中的基本组分，在两被粘物的结合中起主要作用。胶黏剂的胶接性能主要由粘料决定的，通常有以下几种物质可作为各种胶黏剂的粘料。

① 天然高分子化合物　如蛋白质、皮胶、鱼胶、松香、桃胶、骨胶等。

② 合成高分子化合物

a. 热固性树脂　如环氧树脂、酚醛树脂、聚氨酯树脂、脲醛树脂、有机硅树脂等。

b. 热塑性树脂　如聚醋酸乙烯酯、聚乙烯醇及缩醛类树脂、聚苯乙烯等。

c. 弹性材料　如丁腈橡胶、氯丁橡胶、聚硫橡胶等。

d. 各种合成树脂、合成橡胶的混合体或接枝、镶嵌和共聚体等。

（2）固化剂　固化剂直接参与化学反应，是使胶黏剂发生固化的成分。

固化剂的选择根据固化反应的特点、需要形成胶膜的要求（如硬度、韧性等）以及使用时的条件来选定。对某些类型的胶黏剂，固化剂是必不可少的组分，固化剂的性能和用量直接影响胶黏剂的使用性能（如硬度、耐热性等）和工艺性能（如施工方式和固化条件等）。因此，选用固化剂，除了决定于粘料的类型以外，还应考虑规定的工艺条件等。

固化剂的种类很多。不同的树脂要用不同的固化剂。例如环氧树脂，它的固化剂就在百种以上。

在树脂中加入固化剂前，其分子结构是由许多结构相同的重复单元，一个一个以化学键连接起来而组成的线性结构，每根长分子链之间没有联系。

线性高分子可以熔融，在适当的溶剂中也能溶解。加入固化剂后，由于固化剂的作用，这些分子链和分子链之间架起了“桥”，使其互相交联在一起，形成了体型结构。这时它就变成了既不能熔融、也不能溶解的脆性固体了，这个过程就是固化。但有的树脂也不用固化剂，而是借助其他条件进行固化。

（3）增塑剂与增韧剂　一般的树脂固化后，其性较脆、实用性差。当胶黏剂中加入增塑剂和增韧剂之后，不但可以提高冲击韧性，而且可以改善胶黏剂的流动性、耐寒性、耐振动性等。但是，由于增塑剂与增韧剂的加入，会使胶黏剂的抗剪切强度、耐热性等有所降低。

① 增塑剂　是一种高沸点液体，具有良好的混溶性，不参与胶黏剂的固化反应。

增塑剂必须具备以下特点：

a. 有优良的溶剂化作用；

b. 热稳定性能好，挥发性小，耐介质性好；

c. 迁移性低；

d. 低毒或无毒。

增塑剂的用量一般不宜太多，约为10%～20%，太多时，会使胶黏剂的性能降低。

② 增韧剂　活性增韧剂参与胶黏剂的固化反应，并进入到固化产物最终形成的一个大分子的链结构中，同时提高固化产物的韧性。例如环氧树脂胶黏剂中的低分子聚酰胺等。

（4）稀释剂　稀释剂的主要作用是降低胶黏剂的黏度，以便涂布、施工，同时也起延长胶黏剂使用寿命的作用。稀释剂分非活性稀释剂和活性稀释剂两类。

① 非活性稀释剂（一般称为溶剂）　不参与胶黏剂的固化反应。

② 活性稀释剂　既可降低胶黏剂的黏度，又参与胶黏剂的固化反应，进入树脂中的网型或体型结构中，因此克服了因溶剂挥发不彻底而使胶黏剂的粘接强度下降的缺点。

当胶黏剂的组分中使用溶剂时，应考虑到它的挥发速率，既使其挥发速率不能太快，也不能太慢。若挥发太慢，则固化后在胶缝中还残存溶剂，从而影响胶黏剂的粘接强度。如果要挥发完全，则晾干的时间又太长，且工艺复杂，生产效率低；若挥发太快，则胶黏剂难以涂布，而且当空气中湿度太大时，由于溶剂的挥发带走了涂胶件上胶黏剂表面大量热量，致使涂胶件胶黏剂表面的温度比周围环境的温度低，这样，空气中的水蒸气就会凝聚在胶黏剂的表面上，使胶层发白，导致粘接后的强度降低。因此，空气中相对湿度大于85%时，则不应施工。

稀释剂的用量对胶黏剂的性能有影响。用量过多，由于胶黏剂系统中低分子组分多，阻碍了胶黏剂固化时的交联反应，影响了胶黏剂的性能。尤其是采用溶剂时，由于树脂在固化时，溶剂要从胶黏剂的系统中挥发出来，故增加了胶黏剂的收缩率，降低了胶黏剂的粘接强度、耐热性、耐介质性能。

③ 溶剂的一般性能　一个对溶解现象有影响的因素是关于极性理论。无论溶质或溶剂都可按它的分子结构区分为非极性、弱极性和极性。这一性质受到诸如分子结构的对称性、极性基团的种类和数量、分子链的长短等所影响。

分子结构对称又不含极性基团的多种烃类溶质和溶剂是非极性的。分子结构不对称又含有各种极性基团（如羟基、羧基、羰基、硝基等）的溶质或溶剂常有不同的极性。极性分子由于极性基团的存在和结构的不对称，分子一端对另一端来说形成了电荷分布量不同的差距，即为偶极矩。

溶剂的一些不同性质，可由溶解度参数来解释。

把两种液体A和B放在一起时，A分子能自由地在B分子间游动，两种液体才能互溶。如果A与A、B与B之间吸引力大于A与B之间的吸引力时，A与B就会分层，这两种液体就不能互溶。液体分子间吸引力和液体内聚强度有关，其强度叫内聚能密度。内聚能密度的平方根即是溶解度参数。

④ 溶剂的选择原则　经常会遇到这样的问题，对于不同的高聚物，如何选用合适的溶剂呢？鉴于高聚物溶解比较复杂，影响因素很多，尚无比较成熟的理论指导，溶剂的选择，大致可遵循以下几条规则。

a. 经验规则　依照经验，高聚物与溶剂的化学结构和极性相似时，二者便溶解，即相似则相溶。例如聚苯乙烯溶于苯或甲苯；聚乙烯醇溶于水或乙醇。

b. 溶解度参数原则　溶解度参数可作为选择溶剂的参考指标，对于非极性高分子材料或极性不很强的高分子材料，它的溶解度参数与某一溶剂的溶解度参数相等或相差不超过±1.5时，该高聚物便可溶于此溶剂中，否则不溶。高聚物和溶剂的溶解度参数可以测定或计算出来。常见聚合物和常见溶剂的溶解度参数可参考有关化学手册。

c. 混合溶剂原则　选择溶剂，除了使用单一溶剂外，还可使用混合溶剂。有时两种溶剂单独都不能溶解的聚合物，但将两种溶剂按一定比例混合起来，却能使同一聚合物溶解。混合溶剂具有协同效应和综合效果，有时比用单一溶剂好，可作为选择溶剂的一种方法。

确定混合溶剂的比例，可按式（7-1）进行计算，使混合溶剂的溶解度参数接近聚合物的溶解度参数，再由试验验证最后确定。

$$\delta_M = \Phi_1\delta_1 + \Phi_2\delta_2 + \Phi_3\delta_3 \tag{7-1}$$

式中　Φ_1，Φ_2，Φ_3——表示每种纯溶剂的含量，%；

δ_1，δ_2，δ_3——每种纯溶剂的溶解度常数；

δ_M——混合溶剂的溶解度常数。

（5）填料　加入填料可以提高粘接接头的强度，增加表面硬度，降低线膨胀系数，减少固化收缩率，增加黏度和热导率，增加抗冲击韧性，增加介电性能（主要是电击穿强度），增加耐磨性能，提高最高使用温度，改善胶黏剂的耐介质性能、耐水性能与耐老化性能。由于填料的加入，也相应地降低了胶黏剂的成本。

填料的种类、颗粒度、形状及添加量等对胶黏剂都有不同程度的影响，应根据不同的使用要求进行选择。在一般情况下，人们选用填料通常有如下几点要求：

① 应符合胶黏剂的特殊要求，如导电性、耐热性等；

② 与胶黏剂中的其他组分不起化学反应；

③ 易于分散，且与胶黏剂有良好的润湿性；

④ 不含水分、油脂和有害气体，不易吸湿变化；

⑤ 无毒；

⑥ 具有一定的物理状态，如粉状填料的粒度大小、均匀性等；

⑦ 来源广泛，成本低廉，加工方便。

二、粘接机理与影响粘接强度的主要因素

1．粘接理论概要

为什么胶黏剂能将两种以上的制件粘接在一起呢？这就是粘接原理要回答的问题。了解粘接原理，对于选用合适的粘接工艺、获得牢固的粘接很有指导意义。

（1）固体表面特征　粘接的对象都是固体，而且粘接作用仅发生在表面及其薄层，所以粘接实际上也是一种界面现象，因此，了解固体的表面特征甚为必要。

① 固体表面的复杂性　任何固体表面层的性质与它的内部（基体）完全不同，经过长时间暴露后，其差别更为显著。固体的表面是由吸附气体、吸附水膜、氧化物、油脂、尘埃等组成，因而是不清洁的。

② 固体表面的粗糙性　宏观上光滑的表面在微观上都是非常粗糙的、凹凸不平，似是峰谷交错，两固体表面的接触，只能是最高峰的点接触，其接触面积仅为几何面积的1%。

③ 固体表面的高性能　固体的表面能量高于内部的能量。

④ 固体表面的吸附性　由于固体表面的能量高，为使其稳定，必须吸附一些物质，这就表现出吸附性，因此即使是新制备的表面，也很难保持绝对的清洁。

⑤ 固体表面的多孔性　固体表面布满了很多孔隙，有些材料的基体是多孔的，表面当然也不例外。即使是基体本身密实的材料，表面因粗糙、氧化、腐蚀等，也会形成多孔表面。

⑥ 固体表面的缺陷性　由于材料形成条件的影响与变化，表面不可避免地存在着大量的微观裂纹等缺陷。

（2）粘接过程　粘接过程大致如下：表面处理⟶涂胶⟶合拢⟶固化⟶牢固的粘接。

粘接时，先是将胶黏剂涂覆在被粘物表面，并浸润表面，尔后便是胶黏剂的链段、大分子漫流、流变、扩散，使之紧密接触，若与被粘物表面的距离小于5×10^{-8}cm时，则会相互吸引形成氢键、范德华力、共价键、配位键、离子键等，加上渗入孔隙中的胶黏剂，固化后产生机械嵌合，于是便获得了牢固的粘接。

（3）粘接作用的形成　实现粘接，必要条件是胶黏剂应该与被粘物紧密接触，也就是说具有良好的浸润。粘接必定浸润，但浸润不一定就能粘接，还必须满足充分条件，即胶黏剂与被粘物发生某种相互作用，形成足够的粘接力。概括起来，粘接作用的形成，一是浸润，二是粘接力，两者缺一不可。

① 浸润　当一滴液体与固体表面接触后，接触面自动增大的过程，即为浸润，是液体与固体表面接触时发生的分子间相互作用的现象。

液体的浸润主要是由表面张力所引起。液体和固体皆有表面张力，对液体称为表面张力，而固体则称为表面能。

衡量浸润与否的另一方法是临界表面张力，当液体的表面张力小于固体的临界表面能时，便会浸润。所谓临界表面张力即液体能够浸润固体表面的最小表面张力。

金属及其氧化物、无机物的表面能都比较高（$2\times10^{-3}\sim5\times10^{-2}$N/cm），而固体聚合物、胶黏剂、有机物、水等的表面张力比较低（$<10^{-3}$N/cm）。

浸润性主要决定于胶黏剂和被粘物的表面张力，还与工艺条件、环境因素等有关。

② 粘接力　胶黏剂对被粘物的浸润只是粘接的前提，必须能够形成粘接力，才能达到粘接的目的。

粘接力是胶黏剂与被粘物在界面上的作用力或结合力。包括机械嵌合力、分子间力和化学键力。

机械嵌合力是胶黏剂分子经扩散渗透进入被粘物表面孔隙中固化后镶嵌而成的结合力，这种力虽然很小，却是不可忽视的。

分子间力是胶黏剂与被粘物之间分子相互吸引的力，包括范德华力和氢键。范德华力是色散力、取向力、诱导力的总称，氢键比范德华力大得多，接近于弱的化学键。

化学键力是胶黏剂与被粘物表面能够形成的化学键。它有共价键、配位键、金属键、离子键等，比分子间力高得多。化学键的结合是很牢固的。

三种力对粘接力各自贡献的大小尚不清楚。看来，粘接力是机械嵌合力、分子间力和化学键力综合作用的结果。机械嵌合力和分子间力是普遍存在的。若能形成化学键，即使数目很少，也会使粘接力大增。

总之，粘接作用的形成，浸润是先决条件，流变是第一阶段，打散是重要过程，渗透是有益作用，成键是关键因素。

2. 影响粘接强度的化学因素

(1) 聚合物的极性　物质中每个原子由带正电的原子核及带负电的电子组成。原子在构成分子时，若正负电荷中心相互重合，分子的电性为中性即为非极性结构；如果正负电荷中心不重合（电子云偏转），则分子存在两电极（偶极），即为极性结构。

当极性分子相互靠近时，同性电荷互相排斥，异性电荷互相吸引。故极性分子之间的作用力是带方向性的次价键结合力。对非极性分子来说，其次价键力没有方向性。

聚合物极性基团对粘接力影响的例子很多。吸附理论的倡导者们认为胶黏剂的极性越强，其粘接强度越大，这种观点仅适合于高表面能被粘物的粘接。对于低表面能被粘物来说，胶黏剂极性的增大往往导致粘接体系的湿润性变差而使粘接力下降。这是因为低表面能的材料多为极性材料，它不易再与极性胶黏剂形成低能结合，故浸润不好（如同水不能在油面上铺展一样），故不能很好粘接。

但如果采用化学表面处理，使非极性材料表面产生极性（如采用萘钠处理聚四氟乙烯），就可以采用极性胶黏剂进行胶接，同样可获得较好的粘接强度。

在聚合物的结构中，极性基团的强弱和多少对胶黏剂的内聚强度和黏附强度均有较大的影响。例如，环氧树脂分子中的环氧基（—CH——CH_2，两碳经O成环）、羟基（—OH）、醚键（—O—），丁腈橡胶中的氰基（—CN）等，都是极性较强的基团。根据吸附作用原理，极性基团的相互作用能够大大提高粘接强度。因此，含有较多极性基团的聚合物，如环氧树脂、酚醛树脂、丁腈橡胶、氯丁橡胶等，都常被作为胶黏剂的个体材料应用。

(2) 聚合物相对分子质量及相对分子质量分布　一般聚合物的相对分子质量（或以聚合度表示）低，黏度小，流动性好，作为胶黏剂，有利于浸润。其黏附性虽好，但内聚力低，最终的粘接强度不高。相对分子质量大，胶层内聚力高，但黏度增大，不利于浸润。因此，对每一类聚合物，只有相对分子质量在一定范围，才能既有良好的黏附性，又有较大的内聚力，以保证足够的粘接强度。

用聚丙烯酸酯胶黏剂粘接钢与聚丙烯或者粘接钢与聚氯乙烯时，胶黏剂相对分子质量与剥离强度的关系是一个典型实例：当粘接温度为 200℃时，高温作用保证了胶黏剂的流动和湿润能力，故粘接强度随着相对分子质量的增大而上升，并趋向定值。当粘接温度低于 150℃时，由于高相对分子质量胶黏剂的流动与湿润性不够，故随着胶黏剂相对分子质量的增大，粘接体系的粘接强度（以剥离强度表示）下降。由此看出：选择适当的相对分子质量，对于提高粘接强度有很大影响。

胶黏剂聚合物平均分子量相同而相对分子质量分布情况不同时，其粘接性能亦有所不同。例如，用聚合度为 1535 的聚乙烯醇缩丁醛（组分 1）和聚合度为 395 的聚乙烯醇缩丁醛（组分 2）混合制成的胶黏剂粘接硬铝时，两种组分的比例不同对剥离强度的影响亦不同。

（3）聚合物主链结构　胶黏剂聚合物分子的主链结构决定聚合物刚柔性。聚合物的柔性大，有利于其分子或链段的运动或摆动，使粘接体系中两种分子容易相互靠近并产生吸附力，刚性聚合物在这方面的性能较差，但耐热性好。

聚合物分子主链若全部由单键组成，由于每个键都能发生内旋转，因此，聚合物的柔性大。此外，单键的键长和键角的增大，分子链内旋转作用变强，使聚硅氧烷具有很大的柔性。

主链中如含有芳杂环结构，由于芳杂环不易内旋转，故此类聚合物如聚砜、聚苯醚、聚酰亚胺等的刚性都较大。

含有孤立双键的大分子，虽然双键本身不能内旋转，但它使邻近单键的内旋转易于发生。如聚丁二烯的柔性大于聚乙烯等。

含有共轭双键的聚合物，其分子没有内旋转作用，刚性大，耐热性好，但其粘接性能较差。聚苯乙炔、聚乙炔等属于此类聚合物。

（4）聚合物侧链结构　胶黏剂聚合物分子主链上常常有侧链，其种类、体积、位置和数量等对胶黏剂的粘接强度也有较大影响。

聚合物侧链基团极性的大小对聚合物分子内和分子间的吸引力有决定性的影响。基团的极性小，吸引力低，分子的柔性好。如聚丙烯、聚异丁烯等属此类聚合物。如果侧链基团为极性基团，聚合物分子内和分子间的吸引力高，聚合物的内聚强度变高而柔性降低。

聚丙烯、聚氯乙烯及聚丙烯腈三种聚合物中，聚丙烯其侧基基团是甲基，属弱极性基团；聚氯乙烯的侧基基团是氯原子，属极性基团。聚丙烯腈的侧基（氰基）为强极性基团。三种聚合物柔性大小的顺序是：聚丙烯＞聚氯乙烯＞聚丙烯腈。

两个侧链基团在主链上的间隔距离越远，它们之间的作用力及空间位阻作用越小，分子内旋转作用的阻力也越小，聚氯丁二烯每四个碳原子有一个氯原子侧基，而聚氯乙烯每两个碳原子有一个氯原子侧基，故前者的柔性大于后者。

侧链基团体积大小也决定其位阻作用的大小。聚苯乙烯分子中，苯基的极性较小，但仍因为它体积大、位阻大、使聚苯乙烯具有较大的刚性。

侧链长短对聚合物的性能也有明显的影响。直链状的侧链，在一定范围内随着其链长的增长，位阻作用下降，聚合物的柔性增大。但如果侧链太长，有时会导致分子间的纠缠，反而不利于内旋转作用，而使聚合物的柔性及粘接性能降低。聚乙烯醇缩醛类、聚丙烯酸及甲基丙烯酸酯类聚合物等的侧链若含有 10 个碳原子，则具有较好的柔性和粘接性能。

侧链基团的位置也影响聚合物粘接性能。聚合物分子中同一个碳原子连接两个不同的取代基团会降低其分子链的柔性。如聚甲基丙烯酸甲酯的柔性低于聚丙烯酸甲酯。

（5）聚合物的交联　线性聚合物的内聚力主要决定于分子间的作用力，因此，以线性聚合物为主要成分的胶黏剂，一般粘接强度不高，分子易于滑动，所以它可溶、可熔。表现出耐热、耐溶剂性能很差。如果把线性结构交联成体型结构，则可显著地提高其内聚强度。通常情况下，内聚强度随着交联密度的增加而增大。如果交联密度过大，间距太短，则聚合物的刚性过大，从而导致变硬、变脆，其强度反而下降。

胶黏剂聚合物的交联作用，一般包括以下几种不同的类型。

① 在聚合物分子链上任意链段位置交联。如二烯类橡胶、硅橡胶、氟橡胶等在硫化剂存在下，均可发生此种交联过程。这种交联作用形成的交联度取决于聚合物的主链结构、交联剂的种类及数量、交联工艺条件等。

② 通过聚合物末端的官能基团进行交联。

③ 通过侧链官能基进行交联。

④ 某些嵌段共聚物，可通过加热呈塑性流动而后冷却，并通过次价键力形成类似于交联点的聚集点，从而增加聚合物的内聚力。这种方法有人称为物理交联。

第二节　胶黏剂分析方法

一、概述

聚合物由于有巨大的相对分子质量和宽的相对分子质量分布，所以具有结构的多重性，分子链可以是刚性链或柔性链，也可以是通过共聚或接枝成为两者（甚至多种）组合的链，形成各种不同的复杂结构。这种复杂的分子链结构形成不同的聚集态，有大区域结构和小区域结构，局部的取向或结晶，甚至微区分相，这种结构的多重性构成性质的多重性，因为不同的结构单元有不同的运动特性。聚合物最显著的性质是高弹性和黏弹性，例如硫化橡胶在很小的力作用下可以伸长1000%，除去外力后又可以立即恢复原状，这是其他材料所不具备的，高聚物具有显著的黏弹性，即有松弛特性，也就是它的力学性质有明显的温度-时间（频率）依赖性，这些性质都会在胶黏剂中反映出来，在胶黏剂加工或使用过程中常常要完成聚合物分子链的聚合反应和凝聚过程，所以在这一过程中如何控制高分子链的多重结构使其达到所需要的性能也是需要研究的。

那么，一种聚合物应检测什么性质才能对它作为胶黏剂（特别是结构胶黏剂）的潜在能力做出评价呢？这些检测必须包括结构测定、反应能力测定、物理性质测定和耐老化性能测定。现以508聚合物为例，依次测定以下各个方面的性质。

① 结构分析　用红外光谱、质谱、核磁共振谱等来表征聚合物的结构，进而确定聚集态结构。

② 表面性质　用反相色谱法、接触角法测定表面性质和表面能。

③ 用热重分析和扫描量热等方法来测定反应活性、固化动力学，确定交联情况，确定最佳固化条件。用热重分析还可测定残留溶剂和不挥发物含量。

④ 流变性质测定　用锥板黏度计或其他流变仪在各个温度下进行测试，以便确定施工工艺和固化工艺。

⑤ 聚合过程的体积收缩测定。

⑥ 线膨胀系数和 T_g 测定。

⑦ 力学性能测定 应力-应变特性、断裂能和抗冲击能力可在聚合物试样的等应力加载进度和等应变加载速率下测定。

⑧ 松弛特性 在不同温度下测定高聚物弹性模量随时间变化的规律。

⑨ 动态力学谱测定 用动态黏弹谱仪、扭变仪、扭摆仪测定各个温度下的贮能模量和损耗模量，并得到各相应的转变温度。

⑩ 吸水性和吸水后性能的变化 可测定试样吸水增重的规律，测定试样在温度为99℃、相对湿度为95%、30天后的力学性质和动态力学性质，以此对其湿热老化性能做出判断。

评价聚合物作为胶黏剂的潜在能力可用上述一套程序比较其优劣，对聚合物做鉴定当然也可用上述一套程序，因为它已罗列了几乎全部性能指标的测试。

下面主要对常用的测试进行介绍。

二、测定相对分子质量的方法

表7-1列出了常用的几种测试方法。

表7-1 测定聚合物相对分子质量的方法

方　法	适用相对分子质量范围	平均分子量
端基分析	$<3\times10^4$	$\overline{M}_n$
气相渗透压	$<3\times10^4$	$\overline{M}_n$
沸点升高	$<3\times10^4$	$\overline{M}_n$
冰点下降	$<3\times10^4$	$\overline{M}_n$
蒸气压降低	$2\times10^4\sim5\times10^5$	$\overline{M}_n$
光散射	$10^4\sim10^7$	$\overline{M}_w$
超速离心沉降平衡	$10^4\sim10^7$	$\overline{M}_w,\overline{M}_n$
溶液黏度	$10^4\sim10^7$	$\overline{M}_n$
超速离心沉降速率	$10^4\sim10^7$	$\overline{M}_n,\overline{M}_w,\overline{M}_z$
凝胶渗透色谱	$10^5\sim5\times10^6$	$\overline{M}_n,\overline{M}_w,\overline{M}_z$

1. 端基分析

若高聚物的化学结构是确定的，它的链末端有活性官能团，则可以用化学分析或其他方法进行端基定量分析，从而计算出数均分子量 $\overline{M}_n$。这是胶黏剂中用得最多的方法。

胶黏剂的粘接基料不少都是树脂，它们相对分子质量不大，有的甚至是小分子和多聚体的混合物，只有用端基分析才能获得精确的相对分子质量数据。例如普通双酚A环氧树脂、端羟基或端异氰酸基的聚醚、端羧基聚酯和聚丁二烯等都是用端基分析来求得相对分子质量的。如果聚合物有支化，用端基分析法就得不到真实的相对分子质量，但通过其他方法测定数均分子量后，可从端基分析来研究支化程度或端基结构。

2. 沸点升高和冰点下降

溶剂中添加少量溶质能使溶液的沸点升高或冰点下降。沸点升高量 ΔT_b 和冰点下降量 ΔT_f 与浓度 c 成正比，与溶质的相对分子质量 M 成反比，即：

$$\Delta T=Kc/M \tag{7-2}$$

式中，K 是溶剂的沸点升高或冰点降低常数（每摩尔溶质所引起沸点升高值或冰点降低值）；c 为浓度，实际测试时是在各种稀浓度下测定 ΔT，然后以 $\Delta T/c$ 对 c 作图，并外推到 $c\to0$ 时的 $\Delta T/c$ 值，再计算高聚物的相对分子质量。

由于高聚物相对分子质量大，浓度稀，所以 ΔT 很小，例如相对分子质量为 10^4 时，ΔT

仅为 10^{-5}～10^{-4}℃，测定这样小的温差必须有精密的仪器。

3. 气相渗透压（VPO）

这是利用间接测定稀溶液的蒸气压降低来求溶质相对分子质量的方法。其基本原理是：在一充满某种溶剂饱和蒸气的恒温密封室里悬有两滴液体，一是纯溶剂滴，另一是溶液液滴（溶质聚合物不挥发），由于溶液蒸气压低，就会有溶剂分子从饱和蒸气中凝聚到溶液滴上，并且放出凝聚热，使得溶液温度升高，在达到平衡时，两个液滴的温度差 ΔT 与溶液的浓度成正比，即：

$$\Delta T = K\frac{c}{M} \tag{7-3}$$

式中，K 为仪器常数，可用已知相对分子质量的物质来测定。试验也应在不同稀溶液中进行，然后外推到浓度为零时来求相对分子质量 M。

沸点升高、冰点下降、气相渗透压法都是依据溶液的热力学性质来求$\overline{M}_n$的，因此对试样纯度要求十分严格。相对分子质量为 5000 的聚合物，若残留少量水，质量仅增加 0.36%，测试结果的相对分子质量却为 2509，偏差实在惊人，所以试样务必除净溶剂，严格干燥，防止吸潮。

4. 凝胶渗透色谱（GPC）测定相对分子质量分布

凝胶渗透色谱是利用高聚物溶液通过填充有特种多孔性填料的柱子时按照相对分子质量大小进行分离的方法。柱子中所装的填料表面和内部都有大小不同的孔洞和通道，当试样的溶液进入柱顶后，溶质聚合物分子就向填料内部扩散，由于高聚体相对分子质量大而进不了这些孔洞，就随着淋洗液穿过填料间的空隙从柱底最先流出，中等相对分子质量的聚体则可以扩散进入填料中较大的孔洞，把它们淋洗排除出来则至少需要相当于填料颗粒间的空隙与填料中较大空洞的体积之和这么多淋洗液；而相对分子质量最小的低聚体则不仅可以穿越填料中的大孔洞，还可以扩散进入那些微小的孔洞。所以要把它们全部淋洗出来，至少需要相当于填料之间的空隙与填料中所有大大小小孔洞的体积之和的淋洗液，就这样随着淋洗液的洗提过程的进行，聚合物的大小分子就得到了分离。

环氧树脂、酚醛树脂、端羟基聚丁二烯的相对分子质量分布都曾用 GPC 法测定过。

三、转变温度测量

测量聚合物转变温度有静态法和动态法。常用的是动态法，即在等速升温下测定聚合物性质随温度的变化，现介绍几种。

1. 膨胀计法

聚合物在发生晶区熔化和玻璃化转变时，伴随着比容（密度的倒数）的改变，聚合物试样放入膨胀计中，等速升温下测量其体积的变化，就可得到体积（比容）随温度的变化，从而求得转变温度。

2. 力学松弛谱法

力学松弛谱法已广泛应用于聚合物的转变过程，它是把一周期应力施加于聚合物试样上，测定其力学损耗的变化，所以也叫动态力学性质测量（扭摆、扭辫对试样施加周期性扭力，黏弹谱仪对试样施加拉伸应力，振簧和超声使试样强迫振动）。

3. 介电谱法

介电谱（dielectric spectroscop）建立在电磁辐射和被测材料电偶极相互作用的基础上，当聚合物的基团、链节单元、侧链、链段乃至整个分子链在升温过程中逐一依次发生运动造成转变时，这些基团、链节上的偶极的运动就在电性能上有所反映。在升温过程中对试样施加一个低频或中频（2MHz以下）的交变电压，测量试样的电导率和介电系数，就可求得介质损耗因子，在试样发生结构转变时，曲线将出现损耗峰。

还可以用直流电场方法，例如傅里叶变换介电谱仪（时域技术）、介电去极化谱法（热释电流法）等观察试样极化强度随时间的变化。

聚合物转变温度的测量还有很多方法，如动态红外光谱法、核磁共振法、电子自旋共振谱法等。这些方法不但能测定转变温度，还能提供产生这种转变的结构变化信息。但这些方法必须有精密的仪器和复杂的技术。同一试样用不同方法测定的性质各不相同，所测试的转变温度也就有差异（有的是转变温度定义不同）。

习　题

1. 胶黏剂有什么作用？其结构有什么特点？
2. 如何进行相对分子质量的测定？

参 考 文 献

1 郑淳之主编．精细化工产品分析手册．北京：化学工业出版社，2002

2 闫鹏飞，郝文辉，高婷合编．精细化工产品分析方法手册．北京：化学工业出版社，2004

3 高昆玉．精细化学品分析．北京：化学工业出版社，2001

4 黄一石．仪器分析．北京：化学工业出版社，2002

5 陈立功，张卫红，冯亚青等合编．精细化学品的现代分离与分析．北京：化学工业出版社，2003

6 冯金城．有机化合物结构分析与鉴定．北京：国防工业出版社，2003

7 彭勤纪，王壁人．波谱分析在精细化工中的应用．北京：中国石化出版社，2001

8 李润卿．有机结构波谱分析．天津：天津大学出版社，2002

9 王秀萍．仪器分析技术．北京：化学工业出版社，2003

10 常建华，董绮功．波谱原理与解析．北京：科学出版社，2003

11 陈立功，张卫红等．精细化学品的现代分离与分析．北京：化学工业出版社，2000

12 陈立春著．仪器分析．北京：中国轻工业出版社，2002